哈佛精英男孩
历练课

汪建民◎编著

台海出版社

图书在版编目（CIP）数据

哈佛精英男孩历练课 / 汪建民编著. — 北京：台
海出版社，2016.12
ISBN 978 - 7 - 5168 - 1254 - 9

Ⅰ. ①哈… Ⅱ. ①汪… Ⅲ. ①男性－成功心理－通俗
读物 Ⅳ. ①B848.4 - 49

中国版本图书馆 CIP 数据核字（2016）第 308784 号

哈佛精英男孩历练课

编　　者：汪建民

责任编辑：王　萍　曹文静　　　责任印制：蔡　旭

出版发行：台海出版社

地　　址：北京市东城区景山东街 20 号　邮政编码：100009

电　　话：010－64041652（发行，邮购）

传　　真：010－84045799（总编室）

网　　址：www. taimeng. org. cn/thcbs/default. htm

E-mail：thcbs@126. com

经　　销：全国各地新华书店

印　　刷：三河市祥宏印务有限公司

本书如有破损、缺页、装订错误，请与本社联系调换

开　本：710×1000　　1/16

字　数：200 千字　　　　印　张：16.5

版　次：2017 年 5 月第 1 版　　印　次：2017 年 5 月第 1 次印刷

书　号：ISBN 978 - 7 - 5168 - 1254 - 9

定　价：35.00 元

哈佛大学最初于 1636 年由马萨诸塞州殖民地立法机关创建。该机构在 1639 年 3 月 13 日为感谢一名牧师约翰·哈佛的捐赠而命名为哈佛学院，在 1780 年的时候，哈佛学院正式更名为哈佛大学。迄今为止，它已然成为一所在世界上享有顶尖学术地位、声誉、财富和影响力的教育机构，并获誉为是美国政府的思想库。它象征着一种荣耀，更象征着一种智慧。

现在的哈佛大学已经有三百多年的历史。在这三百多年之中，有无数的人才从这里走出，他们分布在世界各地，做着不同的职业，但都有着出色的成绩。他们在实现自身价值和社会价值的同时，与哈佛本身交相辉映，在他们身上无时无刻地显露着一种哈佛精神。

由此可见，哈佛的影响力是巨大的。现如今，有无数人都怀揣着"哈佛之梦"，都想亲自踏入哈佛大学这片土地，亲自感受一下哈佛大学的文化气息。有这样的想法是好事，但并不是人人都会有这样的机会。这也不代表着我们无法学习、领略哈佛的精神内涵。我们可以通过其他的方式，学习哈佛的精神，让自己在"哈佛精神"的熏陶之下，成长为一个出色的精英人才！

想成为社会上的精英，应该是每个男孩子都拥有的梦想。但想要做到，要学习的东西还真不少呢。不过，这些东西都体现在了"哈佛精神"

之中。这首要的第一条就是要学会自信。哈佛亨利·戴维·梭罗教授曾说:"自信地朝着你想的方向迈进!过你想过的生活。随着细心的激励,人生的法则也会变得简单,孤独将不再孤独,贫穷将不再贫穷,脆弱将不再脆弱。"自信是哈佛大学的重要理念之一,这个理念告诉我们:无论做什么事情,都一定要自信!

除了自信外,还有很多需要我们用心领会的哈佛精神。例如:我们需要不断学习,以此来提升自己的能力;我们需要开发自己的思维,让自己富有创造力;我们需要鼓起勇气,敢于为自己的人生而拼搏;我们需要培养自己的意志力,将事情由始至终地完成;我们需要果断地行动,让自己更有冲劲,更接近成功;我们需要学会管理自己,让一切都在我们的掌控之中;我们需要提高自己的情商,让自己成为一个受欢迎的人。

每个男孩都是可塑之才,只要好好把握、好好培养。如果你有心,想感受哈佛精神,想成为哈佛精英中的一分子,那么,就认真地翻阅本书,从中汲取精神力量,然后行动起来改变自己吧!

CONTENTS **目录**

第一章　自信课

　　自信是一种力量，是心灵和灵魂凝结出来的一种精神。自信的心态，决定了我们的行动，优秀的心理素质是取得成功的先决条件，自信才会使我们有动力，自信才能让我们在生活和事业上走得更踏实，更稳健成熟，自信地面对一切才是强者。

相信自己，你能行　/3

自信，伴随你走向成功　/6

自信的人会从失败中爬起　/11

远离自卑，才能变得自信　/15

做自己人生的主宰者　/19

让热忱点燃你的自信　/23

学会接纳自己，欣赏自己　/27

摆脱恐惧感的侵袭　/31

第二章　学习课

　　人和人虽然是平等的，但也是有区别的，不同的人过着不同的生活，不同的人面对困难的时候所能调度的资源是不同的。人和人的区别主要在于后天的学习，所以，我们应该不断地激励自己勤奋学习，在学习中不断提高自己的能力，这样才能更适应现在竞争日益激烈的社会。

知识是宝贵的财富　/37

勤奋学习，才能有所收获　/42

反省，是另一种提升 /46

认真努力，才会学有所成 /50

做自己喜欢的事 /54

不断提高，不断超越 /58

学会珍惜时间 /62

注重效率，才能先人一步 /66

第三章　思维课

　　伟大的科学家爱因斯坦曾经说过这样一句名言："学知识要善于思考、思考、再思考，我就是靠这个方法成为科学家的。"从这句名言中，我们明白：思考是取得成功的途径。所以，我们要勤于思考，善于思考，不断地充实自己的大脑，让自己走向成功。

学会独立思考 /73

做出适合自己的选择 /76

注重小事，才能成功 /79

创造力来源于对生活的思考 /82

学会逆向思考 /86

冲破思维的枷锁 /89

学会换个角度去思考 /93

灵活一点，学会变通 /96

开拓思维，发挥想象力 /100

第四章　勇敢课

　　勇敢拼搏，才会成功，才能圆梦。只有启程才会到达理想中的目的地；只有拼搏才会获得辉煌的成功；只有播种才会有收获；只有追求才会品味堂堂正正的生活。所以，让我们鼓起勇气，一路前行吧！

输得起，才能赢 /107

勇敢迈出第一步 /111

越挫越勇，才能成功 /116

勇敢承认不足，才能有所进步　/119

勇敢尝试，让生命大放异彩　/123

做一个勇敢的"冒险家"　/126

自立自强，学会靠自己　/129

勇于拼搏，没有不可能　/133

第五章　意志课

坚强的意志品质是做事成功的保证，是坚定人生目标的保证，是克服困难获得成功的必要条件。养成良好的习惯需要坚强的意志。所以，从现在开始，让我们努力做一个意志坚强的男孩子吧！

微笑面对生活　/139

苦难，是人生最好的老师　/143

绝望不放弃，就会迎来希望　/146

坚强一点，直面挫折　/151

持之以恒，才能打开成功之门　/155

拥有积极向上的心态，才能成功　/159

摆正态度，化压力为动力　/163

坦然面对失去　/166

第六章　行动课

有时候成功离我们很近，我们要学会去开启这扇门，而开启这扇门的钥匙，则是我们的行动。只有行动才能证明一切，只有行动才会有成功。也许你行动了并没有成功，但是可以肯定的是，不行动，绝对不可能成功！

不要总是等待明天　/173

行动起来，拒绝懒惰　/176

主动，才能赢得一切　/180

人生，是一个不断奋斗的过程　/184

立刻行动，一定要先人一步　/187

想成功，就要敢于行动　/191

果断行动，抓机遇　/194

行动起来，不为自己找借口　/198

第七章　自律课

什么是自律？自律，指在没有人现场监督的情况下，通过自己要求自己，变被动为主动，自觉地遵循法度，拿它来约束自己的一言一行。自律，是一个人成功必要的条件，所以，我们必须要重视。

培养自己的好习惯　/205

学会自我管理　/209

有一种等待叫隐忍　/211

控制自己的欲望　/216

坚定信念，不动摇　/220

学会控制自己的情绪　/223

学会三思而后行　/227

第八章　情商课

过去人们认为，智商是决定人成才的关键，然而国际最新研究认为，智力只是成才的基础，情商才是决定人将来能否成才的关键。在人的成功要素中，智商只占20％，而80％受情商的影响。所以，我们要重视情商、培养情商。

宽容，是一种美德　/233

优秀的男孩要有责任心　/236

善待自己的对手　/240

学会倾听，更受欢迎　/244

要懂得尊重他人　/247

别太过在意别人的看法　/250

第一章

自信课

　　自信是一种力量，是心灵和灵魂凝结出来的一种精神。自信的心态，决定了我们的行动，优秀的心理素质是取得成功的先决条件，自信才会使我们有动力，自信才能让我们在生活和事业上走得更踏实，更稳健成熟，自信地面对一切才是强者。

相信自己，你能行

相信自己能，便会攻无不克。

你相信自己吗？你是个有自信的人吗？如果你没有自信，那么就说明你自己都不相信自己，而连自己都不相信自己，怎么能让他人来相信你呢？要知道，在任何情况下，你的不自信永远瞒不过他人，因为你的脸上总会写着"我不相信自己"！

在这世上，每个人都是一道独特的风景。你站在桥上看风景时，看风景的人在楼上看你。不必艳羡他人，每个人都有自己的难处。所以，千万不要拿着别人的地图，寻找自己的路。你该学会认可自己，再学会相信自己，试着把自己最亮丽的一面找出来，并呈现在阳光下。生命是自己的，除了必要的担当，更该为自己活着。

爱因斯坦无疑是一位成功人士，但是他也有许多需要去面对的问题；他的成功绝非只是一种好运，而是他相信自己有解决问题的能力，去正视问题、解决问题。他曾说："你若想要幸福人生，就设定目标努力，不要寄托在人或事之上。"身陷倒霉状况时，逃避是没有用的，等待英雄救援也是没有用的，唯有先相信自己，才有可能成为不被问题困扰，甚至使问题扭转成好结果的幸运儿。

小泽征尔是世界著名的交响乐指挥家。在一次世界优秀指挥家大赛的决赛中，他按照评委会给的乐谱指挥演奏，敏锐地发现了不和谐的声音。起初，他以为是乐队演奏出了错误，就停下来重新演奏，但还是不对。他觉得是乐谱有问题。这时，在场的作曲家和评委会的权威人士坚持说乐谱绝对没有问题，是他错了。面对一大批音乐大师和权威人士，他思考再三，最后斩钉截铁地大声说："不！一定是乐谱错了！"话音刚落，评委席上的评委们立即站起来，报以热烈的掌声，祝贺他大赛夺魁。

原来，这是评委们精心设计的"圈套"，以此来检验指挥家在发现乐谱错误并遭到权威人士"否定"的情况下，能否坚持自己的正确主张。前两位参加决赛的指挥家虽然也发现了错误，但终因随声附和权威们的意见而被淘汰。小泽征尔却因相信自己而摘取了世界指挥家大赛的桂冠。

相信自己，是心灵和灵魂凝结出来的一种精神。只有相信自己，才能促使我们果断地采取行动。优秀的心理素质是取得成功的先决条件，相信自己才会使我们有动力，才能让我们在生活和事业上走得更踏实，更稳健成熟。

要知道，世界上根本没有克服不了的困难，你害怕，是因为你没有接触过。而你只要下定决心去尝试，会比任何人做得更棒。不要害怕犯错，勇敢地去面对，只有这样你才会越来越强大。如果你一直是一个不自信的人，那么你应该从积极的自我暗示开始去改变自己，当积极的暗示不断增多的时候，你就能开发出自己的巨大潜能，就能获得超群的智慧和强大的精神力量，就能获得成功，自己对未来的美好定位也会实现。

小时候的尼亚智力很差，所以导致他学习不好，总是降级，被大家列入反应迟钝者之列，后来因为成绩一直上不去，又被退学。他18岁的时候，在父母的安排下成了家，婚后生了两男一女，没过多久，他的妻子离开了他，后来他的两个儿子又被诊断为低能儿，这使他难以忍受。他决心要帮助孩子，首先自己要给孩子做个好榜样，从求学做起！

他到两年制的得克萨斯南方学院去学习，同时还要照顾两个孩子，每天两头忙。家里人都赞同他新的追求，但又担心他坚持不了多久，他就会离开学校重新变回从前的样子。

但事实并不像他家人想象的那样。到第一学年末，尼亚惊奇地意识到：自己的能力并不比别人差，自己完全有能力做得更好。于是，他除了继续在南方学院学习，又在泛美大学报了课程。在不断地努力下，三年后他成功取得了初级学院学位，还以优异的成绩取得了泛美大学的理科学士学位。

孩子们渐渐开始崇拜自己的父亲，他们因为他的成功而骄傲，并开始把他当作自己的榜样。在尼亚的鼓励下，孩子们各方面的能力提高得很快，两个儿子的学习成绩一天天地提高，自信心也不断增强，后来他们转到了正常班级学习。

1971 年，尼亚被授予文学硕士学位，又担任了豪斯登大学墨西哥美国文化研究所的理事。新的工作又促使他去攻读行政管理的博士学位，并在学习工作之余在大学任教，每周还给基督教女青年夜校上两次课。但他从未忘记他的孩子们。

他总是挤出时间赶回家来关心孩子们的学习，到学校参加家长会，观看孩子们参加的所有体育比赛。在他的悉心关怀和引导下，三个孩子都取得了骄人的成绩。

这个真实的故事说明，要想获得成功，首先得相信自己，并用积极的暗示开发自己的潜能，不要因为自身的某些弱点就轻易放弃，只有这样，你才能获得成功。

海伦·凯勒曾说过："当你感受到生活中有一股力量驱使你飞翔时，你是绝不应该爬行的!"张海迪也鼓舞人们："只要你抬起头来，新的生活就在前头!"其实无论做什么事，如何去做。我们都必须相信自己，因为只有这样，别人才会更相信你，因为相信了自己，才会有信心一直做下去，才会学有所成。不要害怕困难，也不要害怕自己不行，因为不试又怎么知道? 不经历风雨又怎能见彩虹? 相信自己就是塑造未来。

有句歌词写得好："伴着盛开的花，蝴蝶才能快乐地飞舞；带着希望，梦想才能飞往高处；迎着温暖的风，我们不再感到孤独……"从现在起，让我们学会相信自己，并用实力来证明自己，努力用自己的双手去创造一个属于自己的灿烂明天!

哈佛精英历练要点

不管你想要做什么事情，想要达成什么目标，首先要做的就是要相信

自己，因为一个不相信自己的人是不会鼓起勇气开始任何行动的。想获得成功，必须要学会相信自己。那么，男孩子在生活中怎样才能获得自信呢？

1. 要为自己确立目标。确立目标既是人生成功的需要，也是激发人的潜力、最大化地创造价值的需要，所以，人生一定要有目标，有了目标，你就会想方设法为达到目标而努力，因而就不会为是否自信以及目标以外的事情所烦恼。其实，设立目标本身就是自信心的一种表现，你在心中有了目标，你的潜意识就会调动身体所有的能量，为实现目标而努力。

2. 发挥自己的长处。人是在战胜自卑、建立自信的过程中成长的。天之生人，千差万别，但比较而言，人是各有所长，各有所短。你在做事的时候，一定要注意发挥自己的长处，避免自己的短处。如果你总是做不适应自己的事情，总拿自己的短处与别人的长处比，那你很容易产生自卑感，挫伤自己的信心。

3. 认真对待每一件小事。在现实生活中，一些人之所以缺乏自信，是因为挫折长期积累的结果，就是因为在日常一些小事情上没有处理好，不断积累，结果不断地给自己增加心理压力，久而久之，就会在心理产生一种失败感，使自己觉得自己什么事情也做不好，因而缺乏自信。所以，建立自信最好的办法，就是认真对待每一件小事。

自信，伴随你走向成功

自信是一个人的胆，有了这个胆，你就会所向披靡。

莎士比亚："自信是走向成功的第一步，缺乏自信即是其失败的原因。"自古以来，一些有作为的、成大器的人，无不是通过"磨难"来成就事业的。他们在"磨难"中面对困难永不退缩，不言放弃，提高了自信心。如果吃了一点苦就退缩不干，就表明自信心的不足。

自信，是一个人生活下去的动力。对于男孩子来说，自信是他们得以坦然踏上人生之旅的动力，因此，它的重要性不言而喻。自信心，就是个体对自我的一种认识、评价和态度，是一种相对稳定的自我情感，是对自身价值与能力的一种积极的自我肯定。

艾特尔是一只自信心极强的鸽子王，无论什么时候都能够承担鸽王的责任。

有一次，它领着二十几只鸽子去外面觅食。它们来到了一个村庄的上空，发现地上有许多雪白的大米粒。鸽王想：在这人迹罕至的树林里怎么会有这么多的大米呢？这里面一定有蹊跷。

它对同伴们说："大家不要贪吃这些大米，贪心是会上当的。"有一只鸽子不听鸽王的话，它说："永远不应该有疑心，疑心重的人常常吃亏。"

听了它的话以后，其他的鸽子都和它一起飞到网下去啄食大米。结果，除了鸽子王外，其他鸽子都落入了网中。等到大家发现自己已经无路可逃时，只好你看着我，我看着你，唉声叹气，甘心等死。

面对大家的不幸，鸽王并没有逃脱，也没有害怕，它相信自己能想到好办法帮助大家逃脱。突然，它灵机一动，对大家说："团结起来就是力量，只要大家一致行动，就能对付任何强大的敌人。大家不要发愁，一起往上飞，就能把这张网抬起来，带走。"

大家听了它的话，便一起使劲儿，果然把网抬上了天空，跟着鸽子王飞走了。捕鸟人见此情景，只好站在地上干瞪眼。

它们把网抬到了很远很远的地方以后，一只鸽子说："我们怎么能从这张网里逃出去呢？

鸽王说："别慌，我有一只老鼠朋友，名叫勃格，我带着大家去找它，它有尖利的牙可以咬断这网，到那时大家就自由了。"鸽子们听从了鸽王的意见，抬着网飞到老鼠勃格住的地方。老鼠勃格看到一群鸽子抬着一张网。感到十分奇怪，吓得赶快钻进地洞里躲起来。

鸽王在外面喊道："哎，勃格朋友，你是不是生我们的气了？怎么不出门来迎接我们呢？"

老鼠听到朋友的喊声，连忙从洞里跑出来说："我今天真是高兴极了，遇到朋友，同朋友在一起玩耍、聊天，是我最大的幸福。"

老鼠一见除了鸽王外其他鸽子都困在网里，心里很是难过，说："艾特尔鸽王，你这是怎么搞的？"

鸽王简单地叙述了一下，老鼠咬断网绳，解救了众鸽子。

老鼠勃格说："常言道，'先顾自己是上策，留得青山在，不怕没柴烧'。你应该先飞走，然后再考虑救不救其他鸽子。"

鸽王说："朋友啊，你应该知道，身体总有一天会毁灭的，可一个人的责任是永存的。我自己的生命是微不足道的，但我相信自己能救出我的伙伴。"

勃格听了朋友的话非常感动，赞道："你真是伟大的鸽子王！"

鸽王谢过它的朋友，带领着伙伴们，飞上了蓝天。

故事中的鸽王能成功将它的伙伴们救出，就是由于它足够自信。自信让它充满了动力，所以才没有因事危急而优柔寡断，也没有去想逃避不好的结果而瞻前顾后，而是保持自己一贯的果断作风。

自信，是一种力量，更是一种能力。有了它，你将有勇气面对所有的困难与挫折，找到自己的发光点，并努力散发出属于自己的光芒。

著名影星成龙小时候家里很穷，为了维持生计，年纪不大的他便进了武行。后来他进了无线电视台的艺员训练班。训练班给班上的学员安排了到片场学习的机会，但是那个时候也许是出于年少，也许是生活的压力真的太大，总之到了片场之后什么都不学，就是学偷懒，哪里有地方可以睡觉就去睡觉，也从来没有想过明天要干什么。后来有一天他问自己："我就准备长期这么下去吗？我的目标是什么？"经过一段时间的思考，他找到了，自己的目标就是做一个武术指导，因为除了导演之外武术指导是最威严的。

有了这个目标之后他，当别人在布景板后面偷懒的时候，他就去看武术指导是怎么策划一场动作的。那时候他的主要工作就是每天在片场扮死尸吓人，虽然他的本事比很多人强，却没有人相信他。有一次需要有个人从二楼摔下来，导演刚刚说了一个"二"字，"楼"还没说完，他就"嗒嗒嗒"爬上楼准备往下跳。武术指导看了看他，吼了一声："下来！"那时候别提有多尴尬了。在片场，因为自己只是一个刚毕业的新人，没有背景，也没有经验，所以那时候的他什么都不能做。

经历了这一段，成龙心里渐渐明白了一个道理：即使你有本事，但如果武术指导不知道或者不接受你，你就永远表现不出来。顿悟过后的他就想尽办法接近武术指导，帮他洗车、倒茶、抬凳子。有一天，武术指导忽然叫住了成龙："这边有一个动作，你来。"就这样，年仅18岁的成龙就成了全东南亚最年轻的武术指导。以前有很多演员只有一副漂亮的外表，而那些真正会功夫的人却没有办法做动作演员。后来他在一个机缘巧合下，教了一个演员怎么做一个临死之前挣扎起来的动作，恰巧被这部戏的制片人看到了，于是对他说："你不错，不如你做男主角。"就这样，成龙慢慢踏上了做男主角的道路。

当成龙成为男主角之后，他对自己又萌生了新的要求：自己写剧本。因为小时候家庭条件的限制，他没有接受太多的教育，他不怎么识字，也没有学问，没有能力写别人的故事，那把自己写进去就行了。当他把自己在片场里面这么多年积累的经验发挥出来的时候，他发现自己竟然能够写剧本于是又萌生了自己做导演的念头。于是就出现了后面《A 计划》、《警察故事》等一系列精彩的影片。

后来有人问及他的成功经验，他说："这么多年来，我相信自己，只要我做每一样事情都曾经努力过，将来就一定会成功的。"

自信可以克服万难，化渺小为伟大。只有满怀信心的人，才能在任何地方都自信，沉浸在自己的生活中，并实现自己的意志。反之，一个人如果失去信心，就容易被颓废和绝望所困扰，甚至会毁掉自己的一生。

法国心理疗法专家艾米尔·库埃说："每一天，在每一方面，我都越来越好。"凡是成功的人，都会有强烈的自信心。一个人如果都不相信自己能够成功，怎么能带给别人信心，又怎么会得到命运之神的青睐呢？

一个人要想成功只能靠自己。出身显贵、条件优越、智能超常、机遇幸运、环境如意等所谓有利因素，这些都是靠不住的，甚至连身强力壮、被人理解和支持这些十分必要的条件也不够充分。那么，自己究竟靠什么？那就是要靠自身的自信心和奋斗的勇气。

哈佛精英历练要点

自信是自己给的，不管别人怎么看待，只要自己认为是对的，那就大胆放手去做，做得多了，你就会发现其实有很多事情都是大同小异的，只不过是换张面孔出现在你的面前，最关键的是看你以什么样的心情去面对而已。那么，在成长过程中，男孩子如何才能变得自信起来呢？

1. 要正确看待自己。寻找自己的长处。然后，让自己的长处得以发挥。这是最基本的获得自信的条件。获得自信，要先获得满足感，让自己觉得自己很行。这是最基本的。因此，你要好好利用自己的长处，尽量发挥自己的长处。要多做，只有这样才能尽可能地品尝到成功时的满足感，那么你才会建立起自信。

2. 不要轻易放弃。自信是在不断地努力、不断地进步中逐步建立的，中途放弃、半途而废，是造成我们缺乏自信的重要原因。所以，凡是我们认为应该做而且已经着手做了的事情，就不要轻言放弃。在你放弃的时候，你可能会感到很轻松，但事情过后，挫折感和失败感就会不断地增加你的心理压力，直到你产生内疚，产生自卑。所以，千万不要为自己找任何理由放弃自己应该做和正在做的每一事情。

3. 保持一种积极的心理状态。一个男孩，不管遇到什么事情，都会往好处想的时候，他就会更有热情和动力，而热情和动力往往会促使事情的成功。如果常常如此，就会形成良性循环，在这样一个过程中，男孩子就会不断提高自己的自信心。

自信的人会从失败中爬起

自信的秘诀之一就是不惧怕失败，在不断地跌倒和爬起间，让自己站得更高看得更远。

"失败"会让好多人迷失自己前进的方向。这个世界原本是有属于每个人站立的位置、适合每个人行走的路，只不过有的人很幸运地一下子就找到了，而有的人要在失败中摸索许久才能得到而已。

大多数人瞧不起"失败者"，认为只有成功的人才值得尊敬，但事实上根本就没有所谓的"失败者"，他们只不过还没有找到适合自己的路而已。要知道，每一个生命都具有生存的力量，每个生命也都有自我发展的空间。只要我们始终能够保持自信的心态，那么无论失败多少次，都能顽强地爬起，直到获得成功。

在学校期间，派瑞斯一直遭遇失败与打击，高中时的老师还曾经对他的母亲说："派瑞斯恐怕不适合读书，他的理解能力实在太差了。说实话，我都想不出这孩子将来能做什么。"

派瑞斯的母亲听老师这么说后，非常伤心失望，她带着派瑞斯回家，决定要靠自己的力量，好好地培养他成才。但是，不管母子俩怎么努力，派瑞斯对于读书实在有心无力，但孝顺的他为了安慰母亲，即使读得再吃力，也从来没有放弃过。

这天，读得心烦的派瑞斯，路过了一家正在装修的超市，发现有个人正在超市门前雕刻一件艺术品。

没想到，派瑞斯这一看居然看得出神，停下脚步好奇而用心地观赏着，且产生了极大的兴趣。

此后，母亲发现派瑞斯只要看到一些木头或石头，便会认真而仔细地按照自己的想法去打磨、塑造，但是对于读书一事，却开始放弃了。

母亲着急地劝他，最后派瑞斯不得不听从母亲的叮咛继续读书，只是已经着迷于雕刻世界的他，却一直无法放下手中的雕刻刀。

派瑞斯最终还是让母亲彻底失望了，当落榜通知单寄到家中，母亲对他说："你走自己的路吧！你已经长大了，没有人必须再为你负责。"昔日的同学也都讽刺他说："废物就是废物，怎么扶他也站不住的！"

派瑞斯知道，自己在母亲和所有人的眼中就是个彻底的"失败者"，他在难过之余做了最后决定，要远走他乡，寻找自己的未来。

许多年后，有座城市为了纪念一位名人，决定在市政府门前广场上放置名人的雕像，当地的雕塑师纷纷献上自己的作品，希望自己的大名也能与这位名人联系在一起。但是，最后评选的结果，却是一位远道而来的雕塑师胜出。

在落成仪式上，这位雕塑大师发表了讲话："我想把这件雕塑作品献给我的母亲，因为，我读书时无法实现她的期望，我的失败更令她伤心失望过。但是，现在我想告诉她，虽然在学校里没有我的位置，可是，现在我总算找到了一个位置，一个成功的位置。母亲，今天的我绝对不会让您失望了。"

原来这位雕塑大师竟然是派瑞斯，他的同学和邻居都惊讶得目瞪口呆，说不出话来，而站在人群中的母亲更是喜极而泣，她终于明白了，儿子原来并不笨，只不过是一直没有找到一条适合自己的路。

当派瑞斯的同学放肆地嘲弄他时，他们一定没想到"废物"竟然会变成雕塑大师；当派瑞斯的母亲让儿子去走自己的路的时候，她实际上已经放弃了他，认为他这一辈子再也不会有什么出息，但派瑞斯却出人意料地取得了成功。

在这世界上，成功者与失败者最大的区别就是：失败者总是把一次挫折当成永久的失败，从此一蹶不振；而成功者总是在一次又一次的挫折面前，自信地宣告说："我不是失败，只是还没有成功。"

老百姓有句顺口溜："天下雨，地上滑，哪儿跌倒哪儿爬。"跌倒了，没关系的，爬起来就好。这不是在逃避失败，而是在向失败挑战。事实上，就有不少人是在做过很多事之后才找到适合自己的行当。只要你能够成功，谁在乎你是从哪里爬起来的呢？

1832 年，林肯失业了，这显然使他很伤心，但他下决心要当政治家，当州议员，糟糕的是，他竞选失败了。在一年里遭受两次打击，这对他来说无疑是痛苦的。他着手自己开办企业，可一年不到，这家企业又倒闭了。在以后的 17 年间，他不得不为偿还企业倒闭时所欠的债务而到处奔波，历尽磨难。他再一次决定参加竞选州议员，这次他成功了。他内心萌发了一丝希望，认为自己的生活有了转机："可能我可以成功了！"

1835 年，林肯订婚了，但离结婚还差几个月的时候，未婚妻不幸去世。这对他精神上的打击实在太大了，他心力交瘁，数月卧床不起。在 1836 年他患了神经衰弱症。1838 年他觉得身体状况良好，于是决定竞选州议会议长，可他失败了。1843 年，他又参加竞选美国国会议员，但这次仍然没有成功。

他虽然一次次地尝试，但却是一次次地遭受失败：企业倒闭，爱人去世，竞选败选。要是你碰到这一切，你会不会放弃——放弃这些对你来说是重要的事情？当时的林肯没有放弃。1846 年，他又一次参加竞选国会议员，最后终于如愿了。两年任期很快过去了，他决定要争取连任。他认为自己作为国会议员表现是出色的，相信选民会继续选举他。但结果很遗憾，他落选了。因为这次竞选他赔了一大笔钱，他申请当本州的土地官员。但州政府把他的申请退了回来，上面指出："做本州的土地官员要求有卓越的才能和超常的智力，你的申请未能满足这些要求。"

接连又是两次失败，然而，他没有服输。1854 年，他竞选参议员，但失败了，两年后他竞选美国副总统提名，结果被对手击败，又过了两年，他再一次竞选参议员，还是失败了。

在林肯大半生的奋斗和进取中，有九次失败，只有三次成功，而第三次成功就是当选为美国的第十六届总统。那屡次的失败并没有动摇他坚定的信念，而是起到了激励和鞭策的作用。

如果一个人把眼光拘泥于挫折的痛感之上，他就很难再有心思考虑自己下一步如何努力，最后如何成功。一个拳击运动员说："当你的左眼被打伤时，右眼就得睁得更大，这样才能够看清对手，也才能够有机会还手。如果右眼同时闭上，那么不但右眼也要挨拳，恐怕命都难保！"拳击就是这样，即使面对对手无比强劲的攻击，你还是得睁大眼睛面对受伤的感觉，如果不是这样的话一定会失败得更惨。其实人生又何尝不是如此呢？

大哲学家尼采说过："受苦的人，没有悲观的权利。"既然已经在承受巨大的痛苦了，那就更要想开些，悲伤和哭泣只能加重伤痛，所以不但不能悲观，反而要比别人更积极。红军二万五千里长征过雪山的时候，凡是在途中说"我撑不下去了，让我躺下来喘口气"的人，很快就会死亡，因为当他不再走、不再动时，体温就会迅速降低，接着很快就会被冻死。在人生的战场上又何尝不是如此，如果失去了跌倒以后再爬起来、在困难面前咬紧牙关的自信和勇气，就只能遭受彻底的失败。

哈佛精英历练要点

人生难免会遇到失败，这是难免的，而失败有着正面和负面的影响。它既可使我们走向成熟、取得成就，也可能破坏个人的前途，关键在于你怎样面对失败。无论你现在正面对失败还是一帆风顺，都可以试试下面的建议：

1. 建立符合自身情况的目标。我们每个人都有自身的优势和劣势，应该在全面了解自己的长处与短处的同时，充分发挥自己的优势，努力改进自己的劣势，建立符合自己客观实际水平的奋斗目标。

2. 诚实而平静地检讨自己的过失。犯错误是必不可少的，人要想在社会中有所作为，重要的是要以一种怎样的态度去对待自己的过错。我们应该坦诚地面对自己的失误，及时采取弥补措施，并且在自己的过失中吸取教训，争取同一个错误不犯两遍。

3. 不把与别人比较作为唯一衡量自己的尺度。释迦牟尼说："不要把你所得到的东西估价过高，也不要羡慕旁人，羡慕旁人的人，不会有宁静的心情。"我们应该收回自己放在外界的过多精力，使力量转而投向自己的内心，努力培养精神上的独立性和自主性，建立自己的为人标准和处理原则，而不是把与他人的比较作为衡量自己的唯一标准。

4. 学会自我接纳。自我接纳是主观幸福感的因素之一。所以学会做到对自己进行比较全面客观的认识，摆正自己的位置，正视自己的优缺点，接受自我，欣赏自我，并在此基础上发展自我，不断完善自我。

远离自卑，才能变得自信

当一个人被自卑所束缚，那么在学习和生活中，总会表现得没精打采、自我封闭。

自卑是一种消极的自我评价或自我意识，自卑感是个体对自己能力和品质评价偏低的一种消极情感。自卑感的产生，往往并非认识上的不同，而是感觉上的差异。其根源就是人们不喜欢用现实的标准或尺度来衡量自己，而相信或假定自己应该达到某种标准或尺度。

在心理学上，自卑属于性格的一种缺陷，表现为对自己的能力和品质评价过低。男孩子有了强烈的自卑心理就会造成很大的压力感和紧张感，激起逃避或退缩反应，抑制自信，导致焦虑，形成内在阻碍力。它会逐渐消磨人的意志，软化人的信念，淡化人的追求，使人锐气钝化，畏缩不前，从自我怀疑、自我否定开始，以自我埋没自我消沉告终，使人陷入悲观哀怨的深渊不能自拔！

所以，我们必须要远离自卑。可是，生活中有很多人却做不到，这是为什么呢？下面我们来看看这样一则故事：

有一天，一个高傲的武士，前来拜访禅宗大师。他本是一个出色且颇具威名的武士，但当他看到大师俊朗的外形，优雅的举止，猛然自卑起来。

他对大师说道："为什么我会感到自卑？仅仅在一分钟前，我还是好好的。但我刚跨入你的院子，便突然自卑起来。以前，我从没有过这种感觉。我曾经无数次面对死亡，但从没有感到恐惧，为什么现在感到有些惊恐了呢？"

大师对他说道："你耐心地等一下，等这里所有的人都离开后，我会告诉你答案。"

一整天，前来拜访大师的人都络绎不绝，武士等得心急火燎。直到晚上，房间里才空寂起来。武士急切地说道："现在，你可以回答我了吧？"

大师说："到外面来吧。"

这是一个满月的夜晚，刚刚冲出地平线的月亮发出皎洁的光辉，大师说道："看看这些树，这棵树高入云端，而它旁边的这棵，还不及它的一半高，它们在我的窗户外面已经存在好多年了，从没有发生过什么问题。这棵小树也从没有对大树说：'为什么在你面前我总感到自卑？'一棵这么高，一棵这么矮，为什么我却从未听到抱怨呢？"

武士说道："因为它们不会比较。"大师回答道："那么你就不需要问我了。你已经知道答案了。"

上面的这则故事颇有道理。因为有比较，才有高低、有胜负、有优劣，而正是因为这样的结果，才让现实生活中的很多人都感觉自卑。既然如此，想要摆脱自卑，首先就要放弃比较的心，然后用一种全新的眼光去审视自己，开拓自己。

我们都知道，自卑是危险的，它会迷茫你的双眼，让你看不清自己的能力，认识不到自己。真想要克服自卑就应该从行动做起，不断尝试，也许改变就在下一次。只有打破自卑的枷锁，才能让自己健康正常的成长。

在 20 世纪 30 年代初期的一个早春二月，在当时苏联的一个普通的农民家庭里，出生了一个男孩。男孩一出生，他艰辛的童年就开始了。男孩的家里有 6 口人，他们全家挤在一起，住在一间破旧的小屋子里，男孩的家里除了农庄里分的一头奶牛之外，就没有什么别的值钱的东西了。

男孩上学了，他学习非常刻苦认真，成绩也非常优异，可是由于家里环境，他总是觉得自己矮人一截，后来，他发现周围的同学们都非常喜欢和拥护他，渐渐地，他在同学中的威信变得很高。他慢慢活泼起来了，在和同学相处的过程中，他特别喜欢出一些好主意来帮助需要帮助的同学，但是这些好主意却被有些老师认为是"鬼点子"，于是就把他当成一个坏学生，甚至有好几次，有的老师向学校提议，希望能开除这个男孩。最让老师恼火的是，当这个男孩或者班里的其他同学受到老师的不公正的批评后，男孩总是会勇敢地站出来说话，他那些有情有理的话语总是让老师无言以对，瞠目结舌，十分尴尬。

那年学校的毕业考试结束了，男孩的各门功课的考试成绩都非常优异，几乎门门功课都是满分，因此，男孩对自己能够圆满顺利地毕业充满了信心。学校举行毕业典礼的那天，会场上的气氛非常热烈和隆重。学生们都走到台上，恭恭敬敬地从老师的手里拿到了自己的毕业证书。当男孩走到台上的时候，他说自己有话要说，希望能得到主持典礼的老师同意。主持典礼的老师感到很新奇，他想听听这个男孩究竟要说些什么，就同意了男孩要发言的请求，台下的同学们也都以热烈的掌声欢迎他发言。于是，男孩在台上开始说话了，他先是对那些在平时的生活和学习上关心、帮助过自己的老师致以诚挚的感谢，台上和台下的人都给予了他赞许的掌声。接着，男孩开始评论自己的班主任老师，并尖锐地指出了班主任老师在工作中的缺点和失误，他指出，班主任老师的教育方式非常不得当。他的话语让当时在台上端坐的那位班主任老师又气又急，非常尴尬，也非常恼火。

毕业典礼结束之后，男孩去拿自己的毕业证书，学校却告诉男孩，他不能得到自己的毕业证书，学校只能发给他一张肄业证书。男孩对学校这种做法非常不服气，他认为，自己已经通过优异的考试成绩证明了自己是有资格拿到毕业证书的，学校拒绝发给他毕业证书是一种极其无理的行为，学校这样的行为侵犯了他的权利。于是，男孩开始在学校以及政府主管教育的部门来回奔走，为维护自己的正当权利而大声疾呼。经过男孩的不懈努力，上级主管教育的机构专门成立了一个检查班主任行为的工作委员会，最终，那位被男孩评价为教育方式非常不得当的班主任老师受到了处理。男孩以自己无畏的勇敢精神而站出来大声地说话，他最终得到了那张本该属于自己的毕业证书。这个男孩就是俄罗斯的第一任总统叶利钦。

叶利钦没有因为自己出身贫困而看不起自己，他战胜了自卑，在那些和大家的利益息息相关的问题上，该说话的时候，他敢于站出来大胆地说话，勇敢地去争取公平和公正。直到现在，他还是保持着该说话时就要勇敢说话的处世风格，所以才能在人生的道路上获得了引人注目的成功和辉煌。

没有谁从一出生就开始自卑或者自信，无论是自卑，还是自信都是在成长中慢慢形成的。所以，男孩子们，应该从小就远离自卑，培养自信。

哈佛精英历练要点

自信是消除自卑心理的最根本的动力。作为男孩子，不要因为身份、地位的高低而觉得自卑，更不要因为自己曾失败而感到自卑，因为只要你始终怀有自信，你就会有能力去改变它们。那么，男孩子该怎样摆脱自卑，提高自己的自信心呢？

1. 正确了解自己的价值。男孩子得正确认识自己，看到自己的长处，发现自身价值。发挥自己的特长，积极参加有利于发展特长的活动，利用优势尽可能地多干出点成绩，这样可以不断巩固和增强自信心。因为别人的讥笑、贬低往往是出于妒忌或其他原因，你要时刻记住：只要你不承认自己有自卑感，谁也无法使你自卑。

2. 保持心理平衡。自卑的男孩平时要多表扬自己，多以己之长来比他人之短。遇到挫折时别泄气，不要认为"我不行"，而应表现出强烈的自信："我行！再来一次，我一定能成功"。男孩子可以通过勤学苦练完全可以缩小自己与别人的差距，甚至赶上或超过别人。

3. 选择合适的好方法。每个人的情况不一样，在别人有效的对自己可能未必适用，"东施效颦"往往事倍功半，根据自己的自身情况选择一些好的、实用的方法，如此一来，就能收到事半功倍的效果。

做自己人生的主宰者

人是自己命运的舵手，自信就是指引人生之舟航向的罗盘，人生的成功得失和幸福与否，关键在于是否树立了坚强的自信心。

很多时候，我们背负着各种压力，最终放弃了自己心中的梦想，不能沿着自己的目标，自信从容地走下去。有些时候，我们知道宇宙的创造力能够为我们所用，我们只需要提供一个使它发挥作用的模具，而这个模具则是由我们自己的思想来建造的。

英国评论家亚瑟·西蒙斯曾说："只要我们能够选择自己的命运，把握自己的命运，那么一切梦想都会成真。只要我们的精力充沛、坚持不懈，我们就能得到一切想要的东西。只有少数人能成功，就是因为只有少数人有一个伟大的梦想，并为之而坚持不懈地奋斗。但我们看到的是，即使有些人只是为了钱财和物质，但他们不分昼夜地工作，所以他们能够获得成功。而那些成天做白日梦的人，永远也不会梦想成真。"

当你理解了这点后，你还会限制自己的思想和创造力吗？诚然，人都会在某些时候感到自卑，但你必须提醒自己：你不是普通人，你也能成为

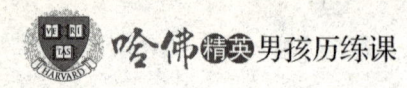

成功人士中的一员。

有篇文章讲了这样一个故事：

有个人要穿过一片茫茫的沼泽地，因为不知道哪里是安全的，于是只能试探着走。虽然危险性很大，一不小心就有可能陷入沼泽，但是只要注意，就有希望走出沼泽。于是这个人左跨右跳，竟也能找出一段路来，可好景不长，没走多远，不小心一脚踏进烂泥里，沉了下去。

不久，又有一个人要穿过这片沼泽地，他看到在茫茫的沼泽地上有一串密密麻麻的脚印，便想：前不久，一定有人从这里走过，那么我如果沿着这串脚印走就不会有错。于是，他便踩着那串脚印试着走起来，可是，好景不长，没走多久，他也因为最后一脚踏空而沉入了烂泥。

之后，又有一个人来到这片沼泽地前，他看着前面两人的脚印，心想：这必定是一条通往沼泽地彼端的唯一道路，也是正确的道路，看，前面已有这么多人走了过去，如果沿着这条路走下去我也一定能走到沼泽的彼端。于是他很放心地大踏步走去，最后他也沉入了烂泥。

漫漫人生路究竟该怎么走？是追随着别人的脚步，还是坚定地走自己的路？

当今的世界，成功之路不计其数，生活方式也各不相同，于是，我们便在滚滚红尘中越来越觉得迷失自我，找不到一条属于自己的路，无法坚定地走好自己的人生路。

世界上有数不清的路，人生也一样，在走路的时候，如果沿着别人的路走下去，也许平坦，但是却永远也走不出新意，无法找到属于自己的成功。只有走自己的路才可能有创意，成功的可能性才更大。

也许很多人都看过赛马吧？知道比赛时为什么给马儿戴眼罩吗？那是为了把它的注意力集中在正前方。所以我们想走自己的路，也需要把注意力集中在自己的目标上，摒弃别人的流言蜚语。下面让我们来读一则小故事：

丹尼·托马斯和玛格利特·奥布赖恩演对手戏时，常带自己幼年的孩子去拍摄现场。开车去摄影棚的路上，他的孩子总会帮他对台词。车窗敞开着，古龙香水和雪茄的味道在车厢里弥漫，两个人一唱一和，进行着特殊的彩排。

丹尼·托马斯的孩子很喜欢玛格利特。于是，在片场便学她的样子梳起了马尾辫、渴望有她那样的雀斑。这一举动把丹尼·托马斯逗笑了，他觉得自己的孩子以后也会成为一个十分优秀的演员。

十七年过去了，丹尼·托马斯的孩子将在舞台剧《吉吉》中担任主角，首演地定在洛杉矶的莱古拉剧院。这应该是一件十分令人兴奋的事情，可是没想到因为丹尼·托马斯的光环太耀眼，以至于根本没有人去注视自己正努力的孩子。他担心自己的孩子可能会因此受到影响，事实也的确如此。他的孩子在心里一直这样质问自己：我能和爸爸一样成功吗？我是否和他一样幽默而有天赋？观众会像喜欢爸爸那样喜欢我吗？

丹尼·托马斯看出了自己的孩子已经陷入了惶恐不安，但他又不知道如何安慰。

演出前一天，丹尼·托马斯的孩子终于鼓起勇气对他说，"爸爸，请您不要难过，但我想改名。我爱您，但我受不了姓托马斯的压力。我不愿他们总拿我和您比较。"

接下来是长久的沉默。丹尼·托马斯看着自己强忍住泪水的孩子，说："你看过赛马，为什么比赛时有的赛马戴着眼罩呢？那是因为戴眼罩的赛马看不见观众，也看不见别的马。它眼里只有终点，它是在为自己奔跑。你也必须采取这种态度，不要管别人的看法，不要和我比，不要与任何人比。要为你自己奔跑！"第二天，当众人鱼贯涌入剧场时，丹尼·托马斯让舞台经理递给自己孩子一个扎着红蝴蝶结的白色盒子。当他的孩子打开盒盖，看到了一张字条，那上面写着："为你自己奔跑，宝贝！"

"为你自己奔跑，宝贝！"丹尼·托马斯在关键时刻把这句箴言送给了自己的孩子，这句箴言顿时让他的孩子备受鼓舞，那天，表演十分成功。从此之后，丹尼·托马斯的孩子一直将字条上的字当作自己的人生信条，

在未来的路上不断奔跑向前。

在人生的道路上，你要为你自己奔跑，为你自己奋斗，做自己人生的主宰者。至于别人想说什么，要怎么说，就让他们去说吧，你只管走好自己的路就是了。

做自己人生的主宰，就是始终朝着自己心中的目标奋进，永不退缩，有自信、有勇气与一切艰难斗争，有着永不放弃的劲头，穿越重重障碍走向成功，走向巅峰。只有坚持做主宰自己的人，才能激烈的竞争中突现出自己的优势，活出自己的精彩！

哈佛精英历练要点

人生是自己的，所以，我们应该做自己人生的主宰，学会掌握自己的命运。那么，男孩子怎样才能做到掌握自己的人生呢？

1. 走自己的路，让别人去说吧。每天只要自己过得舒坦，能快乐身边的亲朋好友，这何尝不是人生的意义所在，何必去想那些不愉快的事，想了要过，不想也要过。闭上眼，只听见，岁月如风在心间，呼啸而过的昨天，无法改变！我依然按照自己的兴趣做事情，按照自己的方法过日子，凭着自己的感觉走自己的路。

2. 学会选择，学会放弃。一个想要主宰自己人生的人，必然要懂得如何选择，做出取舍。只有这样，才能清楚地知道自己想要什么，该怎么做。无法确定自己所想，还在为选择而烦恼、徘徊的人，是没有办法主宰自己的人生的。

让热忱点燃你的自信

对于学习和事业的热忱，可以增强一个人的自信心。

在人的一生中，做得最多和最好的那些人，也就是那些成功人士，必定都具有这种能力和特点。即使两个人具有完全相同的才能，必定是更具热情的那个人会取得更大的成就。

在波士顿，有支棒球队，一直只拥有极少部分的观众，支持他们的力量很弱，他们的表现也很差。但是，后来他们到了密尔瓦基，这里的市民对这支新球队的热情十分高涨，棒球场挤满了人，大家非常关心这支队，并相信这支队一定可以取胜。

市民们的热情、乐观与信赖，给了这支棒球队极大的鼓舞，次年就几乎跃登联赛的首位。观众的热情给这支棒球队输入了新鲜血液，为他们创造了奇迹。虽然还是原班人马，但在这支球队内部却有了一股前所未有的力量，他们每个人因此而发挥了从未有过的水平。

热忱是一种自发力量，也是帮助你集中全身力量去投身于某种事情的一种能源。在哈佛，学生们在凌晨四点半还在孜孜不倦地学习，就是因为他们内心怀有热忱。他们对知识的追求，对能力的渴望，让他们变成了哈佛校园里"最美的一道风景"。

最后一个浓雾之夜，当拿破仑·希尔和他母亲从新泽西乘船渡江到纽约的时候，母亲欢呼道："这是多么令人惊心动魄的情景啊！"

"有什么出奇的事情呢？"拿破仑·希尔问道。

母亲依旧充满热情："你看呀，那浓雾，那四周若隐若现的光，还有消失在雾中的船带走了令人迷惑的灯光，那么令人不可思议。"

或许是被母亲的热情所感染，拿破仑·希尔也着实感觉到厚厚的白色浓雾中那种隐藏着的神秘、虚无及点点的迷惑。

母亲注视着拿破仑·希尔，"我从来没有放弃过给你忠告。无论以前的忠告你接受不接受，但这一刻的忠告你一定得听，而且要永远牢记。那就是：世界从来就有美丽和兴奋的存在，它本身就是如此动人、如此令人神往，所以，你自己必须要对它敏感，永远不要让自己感觉迟钝、嗅觉不灵，永远不要让自己失去那份应有的热忱。"

拿破仑·希尔一直没有忘记母亲的话，而且也试着去做。

许多人都或多或少有自卑感，常常低估自己，对自己失去信心，缺少热心。其实，每个人都应该相信自己的健康、精力与忍耐力，并具有重大的潜在力量，这种自信会给予你极大的帮助，热爱自己，就会帮助你成功。

不论你有多大才干，有多少知识，如果缺乏热情，那就等于是纸上谈兵，一事无成。没有人愿意整天跟一个提不起精神的人打交道，没有哪一个老板愿意去提升一个毫无热情的员工。但是，如果一个人智力一般，才能平庸，却拥有满腔热忱、努力奋斗，所谓勤能补拙，就一定能产生很好的业绩。

在日本流传着一位"五星级擦鞋匠"的故事，故事的主人公名叫源太郎。源太郎初中毕业后在一家化工厂做搬运工，后来回到父亲开的和服店帮忙，不幸的是，和父亲一起做生意的合伙人盗款外逃，和服店被迫倒闭。再回原来的化工厂，却被拒绝，为了糊口，他到处打零工。

偶然的一天，一个美国军官让他帮助自己擦皮鞋。源太郎本来不会擦，但是他从小心灵手巧，美国军官一指点，他很快就学会了，而且把皮鞋擦得可以照见人影。最后他得到了丰厚的小费，从这以后，他决定靠擦鞋赚钱。

他先是花费三年的时间，遍访了所有他听说过的手艺好的擦鞋匠，虚心向他们请教。同时，他总结别人的经验和教训，总结出了自己独特的擦鞋方法。他把擦鞋当成自己的事业，在满腔热忱的促使下，他不仅追求把鞋擦干净、擦亮，还仔细地研究皮鞋的质量，努力做到精通皮鞋的类型、质地。

源太郎对皮鞋的热爱已经到了痴迷的程度，每有新品牌的皮鞋上市，无论价格多么昂贵，他都要去买一双亲自感受。他对皮鞋表现出的疯狂热情，使得他简直成了皮鞋专家。比如，他与人擦肩而过时，便能知道对方穿何种鞋。从鞋磨损的部位和程度，他就能知道对方的健康状况和生活习惯。

对皮鞋的了如指掌，使得他的擦鞋技术达到了炉火纯青的程度。他会根据不同品牌的皮鞋，选用不同成分的鞋油。遇到一些颜色罕见的皮鞋，他就自己动手，用几种颜色的鞋油专门调制。他还仔细地研究了各种鞋油的性质，努力做到使鞋油既光亮，又充分滋润皮革，让光泽更持久。

生活不会辜负每一个热情投入的人。源太郎出名了，1975年，他成了希尔顿饭店的"定点擦鞋匠"。他的手艺异常受欢迎，一些外地的顾客甚至将自己的皮鞋邮寄过来让他擦。希尔顿饭店亚太地区的总裁理查德·亨特赞扬源太郎说："没想到，我们这家四星级的饭店出了个五星级的擦鞋匠。"

不仅如此，连日本前首相以及日本的财界大亨等一些著名人物都成了源太郎的常客。还有一些世界级明星，如迈克尔·杰克逊等人都曾把鞋送到他那儿擦过。

一个小小的擦鞋匠，凭着满腔的热情和激情，也能取得如此大的成就。有位哲人说："离开了热情，任何人都算不了什么；而有了热情，任何人都不可以小觑。"无论你做的事情是多么微不足道，只要有了一颗激情的心，你也一定能让它绽放出令人艳羡的光彩。

所以，男孩子们，赶快用热情点燃你们的自信，努力把眼前的事情做好，一直保持下去，相信未来总有一天，你们能打开属于自己的成功之门！

哈佛精英历练要点

与激情相比，热情更平稳稳定一些。激情是一种强烈的情感表现形式。往往发生在强烈刺激或突如其来的变化之后。具有迅猛、激烈、难以抑制等特点。人在激情的支配下，常能调动身心的巨大潜力。那么，男孩子们该怎样激发自己内心的热忱呢？

1. 深入了解每个问题。这个练习是帮助你建立"对某种事物的热心"的关键，那就是："想要对什么事热心，先要学习更多你目前尚不热心的事，了解越多，越容易培养兴趣。"

2. 要传播好消息。好消息除了引人注意外，还可以引起他人的好感，鼓起大家的热心和干劲，甚至帮助消化，使你胃口大开。每天回宿舍时尽量把好消息带给舍友，给家人电话尽量把好消息带给家人共享，告诉他们今天所发生的好消息。尽量讨论有趣的事情，同时把不愉快的事情抛在脑后。

3. 强迫自己采取热情的行动。深入发掘你的题目，研究它、学习它，和它生活在一起，尽量搜集有关它的资料。这样就会不知不觉地使你变得更为热情。

4. 身体健康是产生热情的基础。身体健康是一切积极成功的基础。一个人如果行动充满了活力，他的精神和感情也会充满活力。一个成天与病魔纠缠的人就很难在生活和事业中有充沛的热情，那需要他们格外付出更多的东西。

5. 要学会自我反省。要经常反省自己对人生、对事物、对别人、对自己是持怎样的看法和态度。若一个人的思想被迟钝、有害的各种病态心理占据，热情就缺乏生存和生长的土壤。要改变这种态度，关键是需要自己的努力，要不断鼓励自己，给自己打气，尝试着这样充满信心与热情去投入工作和生活，你就必然会走得更远。

学会接纳自己，欣赏自己

人类最大的弱点便是自我贬值——自己瞧不起自己，无法接纳自己。

造物主在创造每个物种的时候，都给了它们别的物种无法替代的天赋，盲目地追求不适合自己的东西，到头来只能适得其反。做人也一样，只要愉快地接纳自己，就能获得快乐。健康的心理，要求一个人对自己保持一种接纳的态度，而且要愉快而满意地接纳自己。

也就是说，人对自己的一切，不但要充分地了解，正确地认识，而且要坦然地承认，欣然地接受。不要欺骗自己、拒绝自己，更不要憎恨自己。其实每个人都有优点和弱点，有人发现自己的弱点和缺陷后，就当成了包袱，总是挂在心上，连自己的优点和长处也看不见了。于是自己的精神优势就被缺点、弱点所压垮，自己的聪明才智和潜能也就无从发挥了。

一个连自己都不能无条件接纳的人，又怎么会喜欢他人呢？就像一个连自己都不爱的人，又怎能学会去爱别人和被人所爱呢？要想接纳他人，先要接纳自己，只有能容忍自己的人，才有可能容忍他人。要想扮演成功的社会角色，就必须学会与人合作。同时，尊重别人接纳别人，也会得到别人的积极回应。要知道，世界上没有十全十美的人，不论存在优点还是缺点，我们都应该快乐地接受自己、欣赏自己，如此你才会体味到幸福快乐。

从前，上帝在造万物时，一时疏忽，把大象的鼻子造得又长又大，很难看。他本来想重新造，但转念一想，世上已经有很多漂亮的动物了，也应该有一些不好看的动物。所以他决定让大象接受难看的事实。

大象开始不知道自己长得很难看，经常到动物中间找它们玩。但动物们总是一见到它就躲得远远的，大象觉得很奇怪：我这么温和善良，为什

么大家都不愿意理我呢？

一天，它去湖边喝水，在清澈的湖面上仔细看了看自己，看到了自己难看的样子，伤心极了；上帝为什么这么不公平？把我造得这样难看，给了我这样一个又长又大的鼻子。

不过大象的心胸开阔又乐观。它想，既然上帝给了我这样一个鼻子，那么应该是让我用它来做些事情的，于是它学会了用鼻子吸水喝。它只要站在河边，把长鼻子伸直，就能够很容易地喝到湖心的水。它用长鼻子去卷树叶吃，有些长得又高又嫩的树叶，别的动物吃不到，但它能够吃到。它还能用长鼻子拔起树木，扫清路上的障碍。这个丑丑的鼻子给大象带来了数不清的好处。

由于鼻子的功劳，大象吃得好又喝得好，再加上常用鼻子劳动和帮助别人，所以它的身体越来越强壮，在若干年的演变中，渐渐成为陆地上最有力量的动物。

有一天，上帝想起了大象和它的丑鼻子，突然感到内疚，于是他想找到大象，重新给它换一个漂亮的鼻子。可是，当他再一次看到大象时大吃一惊。大象已经不是当年的丑鼻子了，而是变成了个强壮的庞然大物，它的鼻子也变得又长又大，看起来很有力量。

噢，天哪！上帝惊呼："大象是只聪明的动物！它没有嫌弃自己的鼻子，而是把它变成了生存的法宝。我没有必要在改造它了。"可见，不完美并没有什么，它只是让你变得完美的必经之路。

这说明，如果我们能够坦然地，微笑面对自己生命中的一些缺憾，并愉快地接纳自己，扬长避短，充分发挥自己的长处，同样会带来"柳暗花明又一村"。不过在现实生活中，很多人都做不到这一点，这是为什么呢？很简单，接纳不了自己的人都不懂得欣赏自己。

卡耐基说过一段耐人寻味的话："发现你自己，你就是你。记住，地球上没有和你一样的人……在这个世界上，你是一种独特的存在。你只能以自己的方式歌唱，只能以自己的方式绘画。你是你的经验、你的环境、你的遗传造就的你。不论好坏与否，你只能耕耘自己的小园地；不论好坏与否，你只能在生命的乐章中奏出自己的音符"。

在生活中，只有会欣赏自己的人，才是心灵舒展的人，才是社会认可的人，才是可以承载生命重担的人。只有这样的人，才是快乐的人！当你学会欣赏自己时，你就会发现原来周遭的一切都是那么美好。

杨刚的父亲在心情不好的时候，喜欢在阳台上摆弄他的花花草草。而杨刚心情不好时，则喜欢到阳台上欣赏父亲的花草。杨刚的父亲对他说："浇花松土，除草是一种享受。"不过杨刚自己却认为赏花才是最好的感觉。

杨刚父亲的实验项目被人换了，他沮丧了好几天，闲时就到阳台上种花，杨刚心疼父亲的身体，到阳台看他。他的父亲凝视着花盆里的一株小草，一动不动。"爸爸，为什么不把它拔了？"杨刚问。父亲说："它太嫩了，拔了可惜呀！"杨刚觉得好笑，一株草竟也可惜！却听父亲喃喃地说："它不值得我欣赏吗？""爸爸，你欣赏这草？"杨刚惊诧。父亲突然回过头来说："不，我欣赏我自己。"

"啊！"杨刚不禁一愣，一向书生气十足的父亲，这句话竟有几分书生气以外的严厉和坚定。父亲缓缓地说："我欣赏我自己，因为我和这草一样坚韧不屈。你看，这花盆里净是些用来固定花苗的瓦砾，这草竟硬从瓦砾间钻出。我也是这样，我的实验项目被人换掉了，但我昨天又递交了参加实验的申请书，我要参加这次我并不拿手的实验，想看看自己的能力，仅这一点，就值得自己欣赏。"杨刚震惊地望着父亲。他相信父亲一定能在这次实验中成功，就凭父亲的这种自信。

父亲顿了一下，爱怜地问杨刚："孩子，你欣赏你自己吗？"杨刚又愣住了，这是何等高深的话题呀！父亲见杨刚没回答，于是笑着继续说："欣赏自己，就要发现自己的闪光点，要自信、要乐观。你已经十三岁了，应该明白了。"父亲的话很深沉，杨刚听得很入耳，他明白父亲正在用深深的父爱，鼓励他更好地成长。

在这世上，我们每个人都是独一无二的。这个独特的"我"，既有优点，也有不足。一个人只有充分地自我接纳，懂得欣赏自己，才能有良好的自我感觉，才能自信地与人交往，出色地发挥自己的才能和潜力。假如一个人不懂得欣赏自己、接纳自己，总是以怀疑的、否定的态度看待自己，就有可能限制甚至扼杀自己的生命力。

所以，男孩子们，不管现实中的你是什么样的人，你都有理由去接纳自己，并欣赏自己。只有这样，你才能看到希望与美好。

哈佛精英历练要点

在生活中，很多人因为无法接纳自己而不自信，这样对成长是十分不利的。因此，男孩子应该学会爱自己，接纳自己，让完整的自我充分表达出来，不去刻意掩饰内心的"缺陷"，这样才能慢慢地找回信心。那么，男孩子该怎么做才能接纳自己、欣赏自己呢？

1. 不要让自己成为别人。在生活中，有些模仿是为了学习，是有必要的，但我们千万别把模仿视为同化，而因此渐渐失去自我。这世上每个人都是千差万别、各具特色，这就说明上帝是以多样性来塑造这个世界的。所以，任何雷同都会使其中的一方失去其存在的意义，所以，你可以模仿别人，但千万不要让自己成为别人，你就是你自己，你一定要找到你自己的独特之处，造就自己、显示自己。如果一个人想要成为别人，那么，他就会生活在别人的影子里，看不到独立的自己，那他就永远也不可能找到自信。

2. 接受不完美的自己。我们之所以要接纳和包容内心中的阴影，为的是找回完整的自我，结束生活中的痛苦，让自己不必再欺骗自己，也不必再欺骗整个世界。现代社会经常会给人一种假象，似乎只有"完美"的人才能得到幸福。许多人在追求完美的过程中损失惨重，却总是难以如愿。为了装出一副完美的样子，我们的身体、精神和心灵都承担着重压。

摆脱恐惧感的侵袭

恐惧感会让人无法前行，让人们的潜能无法正常地发挥出来。

美国著名的心理学爱马丁·加德纳，原来是一名医生。他竭力反对把实情告诉癌症患者。他认为，在美国 630 万死于癌症的病人中，80％的是被吓死的，其余的才是真正病死的。他曾做过一个著名实验：让一位死囚躺在床上，告之将被执行死刑，然后用木片在他的手腕上划一下，接着把预先准备好的一个水龙头打开，让它向床下的一个容器滴水，伴随着由快到慢的滴水节奏，结果那个死囚昏了过去。1988 年，他把实验结果公布出来时，虽遭到司法当局的起诉，但他用事实告诉了世人：精神才是生命的真正脊梁，一旦从精神上摧跨一个人，那么这个人的生命也就变形了。

在现代社会中，有很多人想要成功，但是却又总是在成功的路上停止不前，这是为什么呢？其实有的时候不是艰难困苦压倒了他们，而是他们心中的恐惧，害怕自己承担重责，害怕自己输得一败涂地，害怕自己选择的并非正确的，于是总是在有机会表现自己的时候，显得唯唯诺诺。因为恐惧，他们什么都不敢想，也什么都敢做，所以始终没有办法进步，从而耽误了自己的发展，更有甚者，会毁掉自己的一生。其实，他们不知道，事情有时候往往并没有他们想象的那么糟糕。下面我们来看这样一个小故事：

在国外的森林中有只五彩斑斓的雄鸡，在鸟类中算是相当美丽的品种，连它自己也常为自己拥有一身漂亮的羽毛而自豪。有天早上，雄鸡出门觅食，但是找了好久都找不到小虫，连平日最常见的蚯蚓都消失了踪影。走啊走啊，愈走愈饿，这时，它碰到一个钓客迎面而来。

"先生啊！你们钓鱼的总会带鱼饵吧！能不能请你给我一条蚯蚓或是

小虫，因为我实在太累太饿了。"雉鸡向钓客说道。"我凭什么要请你吃蚯蚓，你又没给我什么好处。"钓客说。

雉鸡想想也是，于是便说："那我拿身上的一支羽毛和你交换吧！我的羽毛可是很珍贵的。"钓客同意了，于是，互作交换，他拿到一支羽毛，雉鸡则吃到一条美味的蚯蚓。拔了羽毛的雉鸡虽觉得伤口会痛，但吃下蚯蚓后却觉得精神百倍。它想：原来吃虫可以这么简单，根本不必费力去找嘛！于是，第二天它又在原处等钓客，并以同样的交易换了一条蚯蚓；第三天、第四天……直到有一天它又如法炮制时，钓客说："你现在全身光光的，一根羽毛都没了，还要拿什么跟我换？"雉鸡这才发现自己一无所有，它那一身光鲜亮丽的羽毛早已全都拔光了。于是，它开始变得恐惧，这种恐惧感日日侵袭着它，最后它终于忍受不住郁郁而终。

这个寓言故事的涵义很深远。人们经常因受挫或遇到困难就迷失了自己，陷入恐惧之中，若无法及时找回自我，重拾信心，便容易坠入万劫不复的悲剧中。其实，在每个人心中都有这样或者那样害怕的事情，但我们绝不能因为害怕而选择不去面对，只有敢于面对它，我们才能从恐惧中走出，看到自信散发出来的光彩。例如：当你和人交流不敢看对方的眼睛时，可以先注视他们的额头或者鼻子，然后在慢慢地试着去看对方的眼睛，时间长了就不再害怕了。

很多人感觉恐惧，除了因为失败的经验，还有就是无法正视自己的缺点。要知道："金无足赤，人无完人"。正因为人类个体存在着不同的缺点，所以才有了人类社会的五光十色。所以，我们要允许自己有缺点存在，不要过分追求完美，要学会坦然地说："我错了"，"这一点我不如你"。如果可以做到这一点，我们就可以摆脱恐惧，变得阳光而自信起来。

在一个偏僻的山村里，有一个十分胆小的长着龅牙的小男孩，他的脸上总显露出一种惊讶恐惧的表情。而且，他的呼吸就像喘气一样，如果被老师叫起来背诵课文，他立即会双腿发抖，嘴唇颤抖不已，因此，他总是遭受到很多同学的嘲笑。

像这样的孩子，一般都会很自卑，会逃避许多社交活动，更不敢交朋友，但他有些特别，他强迫自己跟那些嘲笑他的同学接触，强迫自己去参加打猎，骑马或进行其他一些激烈的活动，使自己变为吃苦耐劳的人。

他的缺陷促使他努力地改变自己，他喘气的习惯变成一种坚定的嘶声，他用坚强的意志，咬紧自己的牙床使嘴唇不颤动。在他未进大学之前，他用追赶鸟群，在山上猎熊，在非洲打狮子来克服恐惧。

这个小孩凭着这种奋斗精神，不因为缺陷而气馁，直到攀登上成功的巅峰，到了晚年，已经很少有人知道他有严重的缺陷，他就是美国最得人心的总统之一——富兰克林·罗斯福。

其实，人要从困境中解脱并不难，最主要还在于找回自己的心，并勇敢地继续走下去。千万不要以为自己遇到的挫折特别多，老天特别亏待自己。试问：哪个人没有压力、难关要过？只是成功的人通常能坚持到底罢了。

决定一个人能不能成功的因素：一是方法对不对；二是能不能坚持到底。因此，要从迷失中找回自己、把心找回来，你一定要坚持到底、勇于挣脱困境、恐惧之后，人生才会是璀璨、充满希望的。只有力量不能成就大事，更重要的是要克服恐惧坚持到底。

有人说，能够克服恐惧的人是勇敢的，能够自信的人是最强大的，所以，从现在开始，让我们尽自己最大的努力克服内心的恐惧感吧，不再畏畏缩缩，也不要轻易放弃，用自信去解开心中的包袱，让自己像小鸟一样自由的飞翔，闯出属于自己的一片蓝天，让自己的人生变得更加精彩，更加开阔。

哈佛精英历练要点

当我们没自信时，我们会做出错误的决定。我们会在恐惧的前提下做出选择，而不是以那些最好的东西为基础。如果你总是带着恐惧感，那么，你就没有勇气去表达自己；也不可能行动起来去追求梦想。所以，千万别让恐惧感成为你人生路上的绊脚石。那么，男孩子怎么做才能摆脱恐惧感呢?

1. 我们必须肯定自己的能力。天生我材必有用，首先我们要相信自己的能力，学会肯定自己的价值。可以在工作和生活当中给自己定下一个个的小目标，当我们完成自己定下的目标时，就会产生成就感，这样可以让我们保持良好的心情，并且会变得越来越自信。

2. 要战胜自己。世界上没有十全十美的人，每个人都有不足之处，也都有自己的长处，所以既不要无限夸大别人的优点，也不要随意扩大自己的缺点。要相信自己在别人的眼中也是非常优秀的，我们需要做的就是积极大胆地与他人结交，扩大自己的交友范围。

3. 不要害怕让别人失望。我们不可能做到让每一个人满意，只要我们尽到了自己最大的努力，就不必介意别人怎么想、怎么看。当我们放弃对自己过分的要求，做到不患得不患失，对成功不太过在意的时候，成功也就会逐渐走向你并且与你相拥。

4. 积极参加集体活动。集体活动是让自己融入他人的一个好机会，尤其是文体活动。通过集体活动我们可以让自己枯燥的日常生活变得丰富多彩，更重要的是让自己通过与朋友的自然接触而缓减自我感觉被他人关注的焦虑和紧张，进而达到顺其自然与他人接触的目的。

第二章

学 习 课

　　人和人虽然是平等的，但也是有区别的，不同的人过着不同的生活，不同的人面对困难的时候所能调度的资源是不同的。人和人的区别主要在于后天的学习，所以，我们应该不断地激励自己勤奋学习，在学习中不断提高自己的能力，这样才能更适应现在竞争日益激烈的社会。

知识是宝贵的财富

知识比金子金贵，因为金子买不到它。

对于青少年来讲，今天的用心读书，就是对自己的未来负责。对自己负责是人们安身立命的基础。一个人应该为自己所承担的一切责任感到自豪，想要证明自己，那就对自己负责。

众所周知，爱迪生刚在学校上了三个月的课，就被学校开除了，从此失去了在校学习的机会。但他又很想学习，因为他知道，成长的道路上需要知识，于是就恳求妈妈教他。正是这样，爱迪生一边向妈妈学习，一边自己摸索，最后创造了电灯等一千多项发明。由于爱迪生为自己负责，所以他前途无限光明。

不管时代怎样向前发展，知识始终是推动时代前进的力量。因此，世界上任何国家都十分重视知识的力量。所以，"国家进步，教育先行"才会得到人们的认可。对我们个人来说，要想在短时间里有所进步，学习知识是最好的办法，将它转化为学习动力是最快捷的途径。

没有知识的人很难在社会上立足，这是因为他们无法做到与社会的发展同步，所以无论在什么时候，学习都是我们生存的重要课题。当你学到了让自己生存的本领，你就可以很好地发挥自己的才能，为自己赢得生活的资本。

现实生活中有许多人都是靠吸收知识一步步走出来的：

李云龙如今是一家实力雄厚的皮革制造公司的总经理，但是，如果告诉你，他其实只是一个有初中文化水平的人，也许你会怀疑，那么，他究竟是如何做到今天的位置上的呢？原来，他初中毕业后迫于生计就到了一家皮革厂打工。上班第一天，李云龙就被种类繁多的皮革弄得发晕，在家乡只见过牛皮、羊皮的他，似乎第一次明白世界上还有这么多种类的皮革。因为公司转型不久，大家都没有什么经验，工友们说，皮革发僵、变硬、破损等问题经常出现，影响工期，还经常要返工，怎么办呢？晚上回去躺在床上，李云龙辗转反侧，最后想到了书。

第二天一下班，他就奔到书店买了一本《皮革加工1000问》，书的价格是40元，相当于李云龙一周的生活费。晚上，他惊喜地发现，几乎所有的问题在书里都有详细的分析、说明。他索性不睡觉了，爬起来，找了一块木板，开始做试验，就这样一直忙到天亮。于是，第二天上班，两眼通红的他解决着一个又一个难题，而且讲出一套套的理论，同事们看着显得有些亢奋的他惊奇不已。第八天，他被任命为厂里的技术骨干。

一旦钻研起来，李云龙发现即使就皮革来讲，知识也非常庞杂，需要继续学习。相关的书很贵，他就每天去书店蹭书看，每天都看到书店关门。有时候会捧着书在厂里待到很晚，反复地看书、试验。后来他又自学了电脑。机遇总是给有准备的人，学完电脑没多久，公司要调一个人到写字楼工作，有一个前提就是会电脑操作，李云龙顺利入选。新的挑战随后开始，李云龙被任命为客户代表。一个多月的时间里，李云龙没有签到一个客户。在承受着巨大压力的同时，他相信知识可以救自己，他总结后认为，一是因为自己和人打交道有问题，见到女客户甚至脸红，表达能力不好；二是因为自己知识面窄，与接受过高等教育的客户们缺乏共同语言，而且不能掌握高学历人群的心理和需求。

于是，他补习社交礼仪、演讲口才、顾客心理、营销策略等方面的知识，一个月之后他见客户不再紧张了，知识给了他自信。在随后的6个月时间里，他签下了450万元的订单，名列公司第一位。

因为在每个岗位都能胜任，李云龙逐渐受到重用，先后担任技术监理、销售部经理、客服中心总监等职务，他又开始读《现代人力资源管理》之类的管理类书籍，同时开始为公司员工编写培训教材。

作为高级技术人才调入公司领导层的李云龙目前仍然是初中学历，他笑称自己是写字楼里学历最低的人。不过他的下属却都很服他，他们说，李总相当专业，也很健谈。8年的时间，他改变了自己的人生，凭借的是对知识的不断渴求。

学习任何知识都有助于你能力的增长。尤其是在现在的社会环境中，学到有用的知识对于你而言有助于我们与社会保持统一的步伐，并不断超越时代发展的要求，成为时代的宠儿。

在我国历史上，孜孜不倦求学者不计其数，功成名就后仍然持之以恒学习者也为数众多。清圣祖康熙少年时代就担负起治理国家的重任，无论是智擒鳌拜还是平定三藩，都表现出了非凡的才智，这与他从小喜欢读书不无关系。稳定大清河山后，他仍然不断学习知识，增长自己的见识，是欲成大事者的杰出榜样和楷模。

康熙从小就爱好读书，做了皇帝后仍是如此。从中国的四书五经、辞章、历算等传统文化到西方的人文、地理、医学、几何等自然科学知识，他无不进行研读，尤其对儒家的经典子集更是情有独钟。他的御书房里，摆满了各种古今书籍；而且，这其中有好多是他亲自主持编纂的，如《数理精蕴》、《康熙字典》、《律旨正义》等等。正如他在《庭训格言》所叙："朕自幼好看书，今虽年高，犹手小释卷。诚天下事繁，日有万机，为君一身处九重之内，所知岂能尽乎！时常看书，知古人事，靡可以寡过。"从他的话中可以看出，他读书的目的不是为了附庸风雅、炫耀知识，而是"于典谟训诂之中，体会占帝王孜孜求治之意，即欲使古昔治化，实现于今"。身为一国之君，他为求治国之道，使自己少犯过错，常以古今义理自悦，数年如一日，不知疲倦。

康熙认为在马上可以得天下，但不能在马上治理天下，如果不钻研儒家思想，不通晓"帝王之学"，便不能有效地治理天下。正是在这种理念的支持下，即便是在严冬酷暑，他仍能坚持学习。康熙五十一年（1712年），他下令将朱熹的灵牌入祀孔庙，让其进入"十哲"之列。他视理学为其制定政策、驾驭群臣、教育百姓的理论基础。在这种思想的指导下，他重用了一批理学名儒。理学家李光地受重用后，按照他的旨意编成了《朱子全书》和《性理精义》，提倡程朱"存天理灭人欲"和"忠孝节悌"等理学要义。

对于外来文化，康熙同样持积极态度去接受。对于自明末始传入中国的西方先进科学技术，他表现出了极大的关注；对只要不犯法度而又精通科技的西洋人，他都积极加以任用。在这一点上，康熙开创了帝王的先河。

康熙曾以比利时传教士南怀仁为师，学习天文和数学。在那段时期内，他学到了天文历算的基础知识，了解了当时天文学的最新研究成果。另外，他曾向法国传教士白晋、张诚学习过几何、代数、三角等课程。他不仅自己学习，而且还积极组织数学家编写《律历渊源》和《数理精蕴》，为传播西方科学技术做出了贡献。

除此之外，康熙对音乐、美术也很感兴趣。据法国传教士白晋的回忆，康熙曾经学习过西洋乐理，并且能够演奏西洋乐器。为了更好地学习，他效仿法国科学院，在宫中建立了有画家、雕刻家、制造钟表和天文仪器的工匠等人组成的科学院，还曾在其中举办过西方美术作品展览。

在三藩动乱期间，康熙军政事务十分繁忙，经常彻夜不眠，以至劳累过度而吐血。但即使是这样，他在疗养期间还是手不释卷。在和平时期，康熙帝更是孜孜不倦，惜时如金。康熙二十三年（1684年），他在南巡期间，仍然坚持学习到深夜。每当夜深人静、万籁俱寂时，他乘坐的大船上依然灯火通明。此时，他正在与高士奇兴致勃勃地谈经论文呢。高士奇担心皇上劳累过度，要起身告辞。康熙却笑了笑说："不用那么着急，今天如果不弄明白这个问题，朕是无法安睡的。再说朕从五岁读书，每天睡晚一点已养成习惯了……"

康熙虽然贵为一国之主，但从来没有引以为傲，而是继续刻苦学习，用学到的知识继续创造业绩。正是因为如此，康熙成为历代皇帝中尤为出众的一位。

男孩子们要想自己的人生活得足够精彩，那么就必须不断获取知识，经常为自己"充电"。无论你的起点如何，只要能够用心去学习，幸运之神总会眷顾你的。

在如今的时代，知识本身就是我们的一种资本，而学习的过程便是资本积累的过程。当我们的知识资本积累到一定程度的时候，我们的能力、影响力才会跟着大幅度提高，从而有利于我们迈向更高的阶梯。

哈佛精英历练要点

文化知识，是社会发展的需要，跟上时代步伐的因素，以至于不被淘汰。古往今来，人们对文化知识尤其重视，因为它可以给人指明正确的道路，给人带来幸福。所以，男孩子们要注重培养自己的文化知识。那么，具体该怎么做呢？

1. 适当变换环境，用心观察环境。人获得灵感和领悟有时需要新的外界刺激。人们常说："熟悉的地方没有风景。"新的环境给予的刺激会激发人的灵感。让自己有在各地工作生活或旅行的经历，体会各种自然和人文景观、文化、风土人情、生活方式，会极大丰富一个人的体验，从而获得新的知识。除了适当变换环境外，人还应该用心观察环境，从各种现象中思考和学习。

2. 适当尝试与不同特点的人打交道。人们经常只是喜欢与自己合得来的、自己能管得了的、自己的朋友打交道。其实，人应该尝试与上述情况相反的人打交道，积累不同的经验，这样可以丰富人的经历、知识和经验，今后处理类似问题会更为有效。

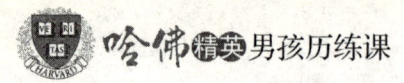

3. 适当尝试挫折。人们经常只愿意经历成功，不愿体会挫折与失败。其实适当地体验失败对一个人是非常重要的。在一些不是至关重要的场合，不要过于追求成功，可以做适当的冒险，尝试一点失败，可以观察周围的反映，积累人生的经验。

勤奋学习，才能有所收获

如果没有勤奋努力的学习，就算天才也终将一无所获。

在哈佛，有位老师经常向那些年轻人说的一句话就是："只重视学校的学习，那就是人生失败的开始。"在哈佛，大家公认的学习定律就是"W＝X＋Y＋Z"，即成功＝勤奋学习＋正确的方法＋少说废话，而勤奋则是排在第一位的。

每个男孩子都渴望自己能够成功，但是在如何成功的认识上，却有着不同的见解。有些人认为成功决定于一时，于是把短期的成就适用于永远。殊不知今天的成就是因为昨天的积累，明天的成功则有赖于今天的努力。无论是谁都没有短时间创造奇迹的力量，都需要的是日复一日的积累。青年人要懂得依靠自己的力量不断努力。

真正的成功是一个过程，是将勤奋和努力融入每天的学习和生活中，天亮该出发了，就不要再睡懒觉，否则留给自己的只有掉队、被淘汰和无尽的后悔。学会等待的同时更应学会耕耘、学会培育，当果子没有成熟的时候，更应勤于浇水施肥。天上掉不下馅饼来，只有汗水和艰辛才会孕育累累的硕果，也只有付出劳作的人们才能真正有所收获。

纵观中国千年的历史，真正功成名就的人，都有一段默默无闻的艰苦奋斗的过程。我们今天在看到他们给我们留下的赫赫功绩、绝美华章的同时，我们也应该看到他们始终如一、不懈奋斗的精神。

王羲之自幼酷爱书法，几十年来锲而不舍地刻苦练习，才使他的书法艺术达到了超逸绝伦的高峰，被人们誉为"书圣"。

王羲之13岁那年，偶然发现他父亲藏有一本《说笔》的书法书，便偷来阅读。他父亲担心他年幼不能保密家传，答应待他长大之后再传授。没料到，王羲之竟跪下请求父亲允许他现在阅读，他父亲很受感动，终于答应了他的要求。

王羲之练习书法很刻苦，甚至连吃饭、走路都不放过，真是到了无时无刻不在练习的地步。没有纸笔，他就在身上画写，久而久之，衣服都被划破了。有时练习书法达到忘情的程度。一次，他练字竟忘了吃饭，家人把饭送到书房，他竟不假思索地用馒头蘸着墨吃起来，还觉得很有味。当家人发现时，已是满嘴墨黑了。

王羲之常临池书写，就池洗砚，时间长了，池水尽墨，人称"墨池"。现在绍兴兰亭、浙江永嘉西谷山、庐山归宗寺等地都有被称为"墨池"的名胜。

古人曰："立身百行，以学为基。"学习的过程是一个充实和完善知识结构，提高理论水平和工作能力的过程。是不是勤学，决定着一个人科学思维的能力，影响其自身才智的发挥和潜能的释放。

孔子曰："好仁不学者，其蔽也愚；好知不好学，其蔽也荡；好信不好学，其蔽也贼；好直不好学，其蔽也绞；好勇不好学，其蔽也乱；好刚不好学，其蔽也狂。"可见，自古以来，我们中华民族就把勤奋读书、刻苦学习，作为一种修养、一种境界、一种追求、一种责任。

诸葛亮少年时代也是勤奋好学之人。他师从水镜先生司马徽。诸葛亮学习刻苦，勤于用脑，不但司马徽赏识，连司马徽的妻子对他也很器重，喜欢这个勤奋好学、善于用脑子的少年。那时，还没有钟表，计时用日晷，遇到阴雨天没有太阳，时间就不好掌握了。为了计时，司马徽训练公鸡按时鸣叫,办法就是定时喂食。为了学到更多的东西,诸葛亮想让先生把讲课的时间延长一些,但先生总是以鸡鸣叫为准,于是诸葛亮想:若把公鸡鸣叫的时间延长,先生讲课的时间也就延长了。于是他上学时就带些粮食装在口袋里,估计鸡快叫的时候,就喂它一点粮食,鸡一吃饱就不叫了。

过了一些时候,司马先生感到奇怪,为什么鸡不按时叫了呢?经过细心观察,发现诸葛亮在鸡快叫时给鸡喂食。先生开始很恼怒,但不久还是被诸葛亮的好学精神所感动,对他更关心、更器重,对他的教育也就更毫无保留了,而诸葛亮也就更勤奋了。通过诸葛亮自己的努力,他终于成为一个上知天文、下识地理的一代饱学之人。

只有怀有一颗好学的心,依靠自己的长期努力,才能真正地成为一个成功的人。成功其实并不是通过片刻的呵护就能绽放芳香的花朵。成功需要用汗水浇灌,付出勤劳与恒心。

所以,一个人要想获得成功,就必须学习,没有文化武装的人是不能战胜其他人,而走向巅峰的。古语云:"不积跬步,无以至千里;不积小流,无以成江海。"这说明无论是谁,想要打开成功的大门,都要从一点一滴的积累开始。

我们心里要明白,任何一匹千里马都是训练出来的,要想成为一匹优秀的千里马,成为社会中的佼佼者就必须时刻学习。有专家分析,农业经济时代只要7岁~14岁接受教育,就足以应付以后40年工作之需;工业经济时代,求学时间延至5岁~22岁;而信息技术高度发达的当今知识经济时代,则要求把12年的学校义务教育延长为终生教育。这就证明,每个人都必须持续不断地学习、创新,才能适应新的时代。

哈佛精英历练要点

对于学习,最难得的就是持之以恒。如果男孩子们做不到持之以恒地去学习，那么很难取得成效。想要持之以恒地去学习，就需要有学习动力，那么，学习动力从哪里来呢？

1. 培养浓厚的兴趣。兴趣是人积极认识事物或关心活动的心理倾向，是人学习活动的动力机制。正因为这样，很多教育家都相当重视学生学习兴趣的培养、引发和利用。当一个人产生厌倦和不感兴趣时，学习就会停止。对所学的东西感到极度兴奋时，我们的学习效果就极佳，就会长期坚持下去。

2. 施加适当的压力。俗话说，"挑着担子跑得快。"就很形象地说明了压力与动力的关系。我们通常也说压力产生动力。有人曾说："压力是人生的燃料"，一个人的生存发展是以压力作为燃料，作为动力的，作为能量的源泉。可见压力对人发展的重要性。学习的压力只是人生压力的一种形式。有了一定的学习压力，就可以把压力转变成巨大的学习动力，从而激励自己去学习。

3. 让自己不断成功。最能激发我们产生学习动力的还是自己取得学习上的成功。国外有位教育家说过："当学生达到他们的目标时，动力与能力就会猛增。"目标学习、尝试成功，它不仅使同学们看到了自己所取得的成绩，享受到了学习的乐趣，增添了学习的信心，更使自己爆发了一种积极向上的求知动力。及时了解自己的学习结果，看到自己的学习成绩进步和所学知识在生活、工作中的意义，努力让自己不断获得成功。

反省，是另一种提升

只有勤于反省的人，才能清楚自己与他人的差距，才有不断进步的可能。

一位哲人曾说："人，一撇，一捺，说起来容易，做起来难。"的确，因为人无论如何也不能做到完美，金无足赤，人无完人。说的就是这个道理。既然人无完人，人就需要不断地自我完善，只有不断地进行自我完善才能进步，才会随时代一起创新，一起进步。为了不断完善自己，人们就需要学会自我反省。

反省，即检查自己的思想行为，检查其中的错误。学会反省，就是做出自我检查。古人云："知人者昏，自知者明。"的确，人贵在有自知之明，试想，如果一个人自己不能了解自己，目空一切，心胸狭窄，心比天高。又怎么会虚心进取？就更不用说成功了。

爱因斯坦的童年十分贪玩，因此，他的母亲常很为他担心，再三的告诫对爱因斯坦来说就像耳旁风。一天下午，爱因斯坦正拿着钓鱼竿准备和那群孩子一起去钓鱼。这时，父亲拦住了他，心平气和地对他说："爱因斯坦，你整日贪玩且功课不及格，我和你的母亲很为你的前途担忧。"

"有什么可担忧的，杰克和罗伯特他们也没及格，不照样去钓鱼吗？"于是父亲给他讲了一个故事，正是这个故事改变了爱因斯坦的一生。

父亲说："昨天，我和你杰克伯伯清扫南边工厂的一个大烟囱，要上到那个烟囱上必须登踏梯。你杰克伯伯走在前边，我跟在他后边扶着扶手，一阶一阶地往上爬。下来时，你杰克伯伯仍然走在前边，我还是跟在他后边。出了烟囱后，人们发现了一件奇怪的事情，你杰克伯伯浑身上下都被烟囱里的烟灰蹭黑了，而我身上却一点灰也没有。"

父亲继续微笑着说："当看见你杰克伯伯的模样时，我认为我肯定和他一样，脸脏得像个小丑，于是就到后面的小河里洗了又洗，而你杰克伯伯看见我干干净净的，就以为他和我一样干净，于是就随便洗了洗手，大模大样地上街去了。结果，街上的人都笑破了肚皮，还以为你杰克伯伯疯了呢！"爱因斯坦听完，禁不住地和父亲一起笑了起来。父亲笑完后，语重心长地对爱因斯坦说："你要明白，没有人可以做你的镜子，只有自己才是自己的镜子。拿别人作镜子，天才也会把自己变成白痴的。"

听完父亲的话，爱因斯坦顿时满脸羞愧之色。从那之后，爱因斯坦逐渐疏离了那群调皮捣蛋的小伙伴，他常常用自己做镜子来审视和映照自己，终于映照出他生命的独特光辉。

以自己为镜，就是不断地盘查自己，解剖自己，进行思想上的清洗、行动上的反省。在这世上，每个人对自己的能力、水平、处世方法、协调能力、办事理念等等。都是最有数，最知情的，因为没有谁能比你自己更了解自己。就像廉洁自律中的人，只有自己能够把握自己、管住自己一样。有多大的能耐，就干多大的事业；有什么样的金刚钻，就揽下多大的瓷器活。当你开始对自己的长相、水平、能力等开始进行思量，并有个正确的估价，这便是以自己为镜式的"对号入座"。

反省对我们每个人而言，都是十分必要的，因为它本身就是一种学习能力。反省过程其实就是学习过程，如果我们能够不断自我反省，并努力寻求解决问题的方法，从中悟到失败的教训和不完美的根源，全力做出纠正，这样就可以在反省中清醒，在反省中明辨是非，在反省中提高自己，从而变得更加睿智。

唐伯虎名唐寅，字伯虎，号六如居士、桃花庵主，他是明朝著名的画家和文学家。据传于明宪宗成化六年庚寅年寅月寅日寅时生，故名唐寅。他一生玩世不恭而又才气横溢，诗文擅名，与祝允明、文征明、徐祯卿并称"江南四才子"，画名更著，与沈周、文征明、仇英并称"吴门四家"。

在唐伯虎很小的时候，就在绘画方面显示了超人的才华。年少时为了学习画画，拜在了大画家沈周门下。起初，唐伯虎跟随师父学习，刻苦勤奋，加倍努力，掌握绘画技艺很快，深受沈周的称赞。但是，由于沈周的一再称赞，一向谦虚的唐伯虎也渐渐地产生了自满的情绪，觉得自己已经达到了很高的水平，甚至超越了师父，画画也就没有之前那样花心思了。

唐伯虎的骄傲自满被沈周看在眼中，记在心里。一次吃饭，沈周让唐伯虎去开窗户。唐伯虎去开的时候，发现自己手下的窗户竟是老师沈周的一幅画，如此的逼真，自己竟一直不曾觉察。于是，唐伯虎感到非常惭愧，开始反省自己最近的状态，知道自己太过自满，而实际上却根本功夫不到家，仍需刻苦练习。从此他开始戒骄戒躁，潜心学画，终于取得了卓越的成就。

自省可以改变一个人的命运和机缘。一个人是否具有反省能力对其为人很重要。而提高自己的修养，完善自我，首先要能承认自己的不足，而不是自以为是、刚愎自用，所以圣人日益完善成了大家学习的榜样，我们每个人都不可能孤立生存，都和他人发生着各种各样的联系，生活在大集体中的我们，怎样才能和他人和睦相处？首先我们必须克服自以为是的弱点。

都说做人难，这种难不仅难在要能认清别人，更难在能清楚自己。怎样才能既不盲目骄傲又不妄自菲薄呢？这就需要我们进行广泛的社会交往，人也和任何事物一样，是在相互比较中时时自省，正确看待自己的不足和长处。如有人谈到自己的能力时说："比上不足，比下有余"。这一认识就是通过比较得来的。同时，更重要的是要进行广泛的社会实践，在实践中不断自省，丰富和修正对自己的认识。

哈佛精英历练要点

每个人都应学会反省，反省是一种能力，是对我们的行为思想做深刻检查和思考，把自己做人做事不对的地方想清楚，然后纠正自己的错误，反省是修正自己所走的人生道路的一种方法。通过反省，我们做人会越来越成功，我们的事业会越来越成功，我们的生活会越来越幸福。那么，男孩子该怎样自我反省呢？

1. 学会解剖自己。男孩子要学会在追求梦想的过程中不断反省自己的行为，寻找自己的不足，改正自己的错误，使自己心态放正，从而更好地向目标迈进。懂得反省的人会虚心听取别人的意见，在别人的批评中汲取教训，使自己变得更加完善，缺点越来越少。

2. 理性看待自己，更要理性看待他人。男孩子要在反省自己的同时，看到别人身上的优点，但要保持理性的态度，不要因为别人的优秀而产生妒忌的心理，而要以一颗欣赏的心去对待别人，并且在这个欣赏的过程中向他们学习那些优点。

3. 不要抱怨，学会感谢。男孩子想要真正达到反省的目的，就应该平衡自己的心态，不要抱怨社会对自己的不公平，而是要感谢社会给予自己的机会及帮助。社会是让一个人反省自己最好的地方，在社会上教会了我们如何谦虚、宽容、严于律己，心态平和，并且懂得给别人留足够的余地，然而对自己却毫不留情地批判自己不对的地方，改正错误。

认真努力，才会学有所成

哈佛人也许做不到最优秀，但绝对是最认真的。

一个人经历越来越多的时候，感受也会变得越来越多。慢慢地，我们就会发现，不管是什么事情，只要认认真真地去做，都会让自己受益匪浅。当我们认认真真地完成一件自己当时觉得不算什么的事情时，收获到的也许不像自己学到一些专业知识时那么明显。但是在今后的日子里，我们会发现正是做好了这件事情，自己的精神状态已经在不知不觉中发生了变化。

在这样一个高速发展的社会里，更多的时候不是以我们做事情的领域或者数量，而是以我们收获的多少来衡量这些事情的价值。认真做好每一件事情，这样的态度会让我们不轻言放弃；认真做好每一件事情，这样的态度会让我们学会如何面对困难；认真做好每一件事情，这样的态度会让我们不断提升你的自信心；认真做好每一件事情，这样的态度会让我们一步步走向成功。也许在我们做事情的过程中会遇到各种困难，但是那个时候，我们想到的不应该是放弃，而是如何去做好它，如何去改变现状，扭转当前的形势。

有一位年轻的画家，曾经在国内外举办过多次画展，并且多次获奖，在业内小有名气。一次，在朋友聚会上，有人问他："你怎么这么年轻就获得了这么多的成就呢？你是不是有后台啊？"他微笑着说："我一个小画家能有什么后台啊？只不过我很小的时候就专心学画，十几年来，我都始终如一，没有一天放弃过。"接着，这个画家讲述了自己儿时的一件事情。

在小时候，他的兴趣非常广泛，也非常要强，画画、拉手风琴、弹钢琴、打篮球、游泳、打乒乓球，什么都学，什么都会，而且凡事还都力求第一。不过想归想，什么都能得第一，自然是不可能的。他因此整天闷闷不乐，心灰意冷，就连学习成绩也一落千丈。原来在班级名列前茅，一下子滑落到全班的后几名。

他的父亲知道这件事情后，没有责骂他。一天吃过晚饭之后，父亲把一个小漏斗和一些花生放在桌子上，然后对他说："今晚，我想和你做一个实验。"父亲让他把双手放在漏斗下面接着，然后拿起一粒花生放在漏斗里面，花生顺着漏斗滑到了他的手里。父亲连着放了十几粒花生，这样，他的手里就有了十几粒花生。然后，父亲用双手抓起一把花生，全部放到了漏斗里面，结果花生全部挤在漏斗里面，竟没有一粒花生掉下来。

父亲看着他疑惑的表情，意味深长地对他说："这个漏斗好比是你，如果你每天都能做好一件事，那么每天你都能有一分收获。但是，如果你想把所有的事情都堆到一起来做，那么你就什么收获都得不到。"

从那以后，这个画家一直记着这个实验和父亲的话。每做一件事，他都自己监督自己，专心做好每一件事。他对身边的朋友们说："其实，每个人都是一块需要雕琢的美玉，究竟你想让自己变成什么样的美玉，关键看你选择什么样的道路。"

如果说强大的意志是一个可怕的气魄，那么，认真也是一种可怕的力量，它大到能使一个国家强盛，小到能使一个人无往而不胜。一旦"认真"二字深入到自己的骨髓，融化进自己的血液，你也会焕发出一种令所有的人、包括自己都感到害怕的力量。

认真是什么？认真是一种态度。当你心无旁骛地将全力放在同一件事情上时，那即是认真的开始；认真是用力地燃烧自己。认真的方法有许多种，如果你期许自己能发光发热，唯有不断地鞭策自我和尝试磨炼。

因为有些事情可能几天就会完成，但也有很多事情无法一下子就达成，甚至要花上二三十年才能有所成就，特别是许多的艺术或文学的创

作，更是必须经历好长一段时间去打根基。

海森伯格小时候与同龄的孩子有点不一样，当小伙伴们把大量的时间花在玩耍上时，他却在埋头学习。在学习的过程中，如果有不懂的地方，他就向父亲请教，如果父亲回答不上来，他就去问舅舅。总之，在没有弄懂问题之前，他是不会放弃的。

海森伯格10岁那年的一天，放学后别的孩子早已回家了，老海森伯格夫妇焦急地等待儿子回家吃饭，可是左等右等也不见海森伯格的影子。父母连忙到学校寻找，发现海森伯格正在实验室里。他们走进实验室后，孩子仍在专心致志地观察实验结果，早就把回家吃饭的事情抛到了九霄云外。

"孩子，实验是老师让你做的吗?"老海森伯格问。

"不，是我自己主动做的，我想自己亲自动手做实验，就能更好地理解书本上的知识。"海森伯格说。

见儿子能主动学习，老海森伯格很是高兴。为了对儿子表示支持，他不仅在精神上给予儿子鼓励，并努力在物质上为儿子创造学习理科的条件，为他购买了物理试验器材和相关教学辅导材料。

在父母的支持下，海森伯格的积极性比以前更高了，他的学习成绩不断提高，后来每学期考试的成绩都名列前茅，中学毕业以后顺利地考上了慕尼黑大学。

在大学里，他主动学习的精神劲头依然没减。他在学好自己专业课的同时，还去哥廷根大学听当时的物理权威玻恩教授的课，并主动把自己听课的心得交给了玻恩教授，并最终获得教授的认可，在毕业时受到教授的邀请，成为哥根廷大学的一名助教，又被破格提拔为讲师。在玻恩教授的提携和带领下，海森伯格迅速成长为著名的物理学家，并最终问鼎诺贝尔物理学奖。

万事敌不过一个认真。如果一个民族能够静下心来，认真地对待每一件事情，那么一切混乱、一切争执、一切麻烦，将会迎刃而解。做人也是一样，认真对于每个人来说就是一种生活态度，要把认真的理念融入我们生活之中，让认真成为我们生活的习惯，成为一种不可动摇的定势。

做到认真需要敢于付出。认真就是严谨，无论做任何事情，只要有可能做得更好，就要做到全力以赴，付出百倍的努力。从来没有人能轻轻松松就可以获得成功，也从来没有人不付出艰辛努力就可以有收获。我们应该牢牢记住，虽然我们不能做到十全十美，但我们完全可以做到尽善尽美。

毛泽东曾说："世上怕就怕认真二字"。因为有了认真二字，很多事情就能办成、办好，所谓"只要功夫深，铁棒也能磨成针"，"世上无难事，只要肯登攀"说的就是做到认真需要坚持。不管我们做什么事，只要从头到尾都拿出一种认真的态度，那么就一定能把事情做好。在这个认真的过程中，我们也一定会收获颇多。

哈佛精英历练要点

每个人的成功都是来之不易的，要有认真的态度，并且要付出百倍、千倍的努力才行。男孩子想要有所成就，就必须牢记这一点。那么，具体该怎么做呢？

1. 把决定做的事坚持做完。在日常的小事中，男孩子对自己的要求应该是：一件事要么不做，要做就得努力做到自己能做到的最好；如果决定做了，不是遇到不可抗拒的客观原因，再困难也得坚持下来。

2. 锻炼自己注意力集中的习惯。做一件事情的时候，很多男孩子总喜欢走神，没办法专注，所以没办法认真做事。想让自己认真做事，那么就应该时刻提醒自己做事情注意力要集中，时间一长，自己就能养成认真做事的习惯了。

3. 重视每一件小事。大海从不嫌弃河流的细小，所以成就了它广阔的胸怀；大山从不嫌弃寸土的微小，所以成就了它凌云的气魄。男孩子应该认识到小事的价值，加倍重视小事，无论它有多么小，都全力以赴地对待，必然能有巨大的收获。

做自己喜欢的事

从事自己喜欢的事情，赚钱只是一个方面，它对实现人生的意义有着举足轻重的作用。

问你一个问题："你想做一个成功的人吗？"如果你的答案是："想！"那么，从现在开始，就去做你喜欢的事吧！因为所有成功的人，无一例外，都在做他们感兴趣的事情。哈佛大学的某位校长曾在毕业典礼上说："你可以选择你的退路，但人生很长，先去做你最热爱的事情，不要一开始就选择退路。"

哈佛大学的幸福课教授本·沙哈尔曾经遇到过一名律师，在纽约一家知名公司上班，拿着不菲的薪水，工作很努力，一周至少要干 60 个小时，但业绩并不理想，过得很不开心。当本·沙哈尔问他，在一个理想世界里还想做什么时，这名律师说，最想去一家画廊工作。难道说，在现实世界里找不到画廊的工作吗？这名律师说不是的，但如果选择去画廊工作，一开始时收入就会少很多，生活水平也会下降。他虽然对律师楼里的人很反感，但觉得没有其他选择。

为了金钱的保障，被一个不喜欢的工作所捆绑，他每天工作得并不开心，没有工作激情，自然也难有大的建树。据有关机构统计，在美国，有50％的人对自己的工作不甚满意。本·沙哈尔认为，这些人所以不能成功，是因为他们对工作没有兴趣，也没有动力，而出现这一切的原因是他们太看重现实的物质与财富，宁愿把自己的未来葬送。

一个人如果从事的不是自己喜欢的工作，那么他一定不会取得成就，在所有的商界名人，成功人士中，我们几乎找不到这样一个人，他说过不喜欢自己正在从事的事业，但是却取得很大的成就。

学习需要兴趣，成功需要动力，理性是一种理智上的动力，兴趣是一种情感动力。若能把成功的理想与兴趣结合起来，则会对你的成功产生强大的推动力。在自己的奋斗中，明白自己的具体兴趣在什么地方是很重要的，有了兴趣，就要专注于兴趣所在的知识上面，对那些你所关注的领域要做更多的研究和体会。

心理学上，兴趣指的是我们力求认识某种事物或爱好某种活动的倾向。它表现为专心致志地对待某种事物或者爱好某种活动。这种专心、热情和耐心常常是奋斗的前提。年轻时候培养对各种知识的广泛兴趣和对某一领域的特殊兴趣，对于我们今后的成功是极其重要的，这种兴趣让我们发现在哪方面是最擅长和最喜欢的。

夏克因为自己写作的兴趣，最终帮助自己圆了作家梦。他用自己对写作的强烈爱好创造了属于自己的生活。

夏克14岁的时候，考上了城市里的一所中学。那时，他的地方口音很重，衣着寒酸，人长得不好看，严重近视，所以总是会引起了同学们的讥笑。但是在课堂上、在集体活动中，他不失时机地表现自己的优势，同学们很快就发现，这个瘦骨嶙峋的穷小子，他的学识、想象力和聪明才智是所有人都望尘莫及的。他以优异的成绩连续获得校方所颁发的银奖，并获得一次法语学习奖。渐渐地，他得到了同学们的尊敬，还交了好几个朋友。

在那个时候，学校进行一次征文比赛，语文老师挑中了夏克，夏克本想拒绝，他觉得自己写作水平并不高，但是同学们都鼓励他，说他一定能得奖。于是，夏克变得很兴奋，他开始不断看一些写作的书，在准备的一个月期间，他发现自己慢慢地爱上了写作。那次征文比赛，他取得了不错的成绩，老师和同学都为他感到骄傲，从那之后，他再也没有放下手中的笔。

在上大学的时候，在父母的强烈要求下，他选择了教师的专业。毕业后，成绩优异的他成了母校的老师。可是他渐渐发现自己根本不喜欢这个职业，也懒得应付那些调皮捣蛋的孩子，于是，他还是从事了他小时候的最爱——靠写作挣钱、挣脱命运的桎梏。

当他向父亲透露这一想法时，父亲说："写作这条路太难走了，你还是安心教书吧！"他给当时自己最喜欢的作家写信，两个月后，他日日夜夜期待的这封回信说："文学领域对你有很大的风险，你那习惯性的遐想，会让你思绪混乱，这个职业也许对你并不合适。"但夏克太喜欢写作了，不管有多少的冷言冷语，他坚信自己会走出自己的一条路，他忙里偷闲地写作，他要让作品出版，这期间，他和自己的弟弟合出了一本诗集，据说这诗集只卖了两本，但夏克没有气馁，依然坚持写作，后来他写的励志书成为很多年轻人的最爱。但他被评为当红作家的时候，他十分庆幸自己始终坚持了做自己喜欢的事。

故事中的夏克用自己的实际行动在多种职业中，找到了自己真正所需要的东西。我们都知道，加强兴趣可以使你的快乐升级，那就不要担心会影响到学业。任何学习成绩好与坏都与兴趣分不开，缺乏兴趣与爱好，只会给自己带来烦恼，而拥有好的兴趣则让人一生受益。

"人生的诀窍就是经营自己的长处，这是因为经营自己的长处能给你的人生增值，经营自己的短处会使你的人生贬值。"正如富兰克林所说："宝贝放错了地方便是废物。"其实，成功没有想象的那么难，只要做你最喜欢做的事情，然后努力把它做得最好。一个人竭尽全力去做一件事而没有成功，并不意味着他做任何事情都无法成功。因为他可能选择了不合天性的事情，这就注定难以出人头地。

洛威尔说："做我们的天赋所不擅长的事情往往是徒劳无益的，在人类历史上因为做自己所不擅长的事情而导致理想破灭、一事无成的例子举不胜举。除非你所有的才能都得到充分的发挥，你才会发现自己真正擅长的是什么。"只有你的天赋与个性完全和从事的事情相协调，你才会干得得心应手；除非你做的事情能够达到废寝忘食的地步，否则，你肯定还没有找到自己真正的兴趣所在。在某一段时间里，你也许不得不做一些不喜欢的事，并为此苦恼。但是，你要尽早使自己从这种状态下解脱出来。英国散文家托马斯·卡莱尔说："世界上最不幸的人要数那些说不清自己究竟想做什么的人。他们在这个世界上找不到适合他们干的事，简直无处容身。"

哈佛精英历练要点

一个人只有做自己喜欢做的事情，才能付出百分之一百的热情。很多成功人士，都是因为做了自己喜欢做的事才获得成功的。可见，做喜欢做的事，更有利于我们发挥自己的能力。那么，男孩子该怎么做自己喜欢的事呢？

1. 别想太多，先把眼前的事做好。如今的孩子们有一个特点，不得不承认，相比思考自己喜欢什么，我们更习惯于思考"什么更有利"。同时，我们不擅长为自己喜欢的事情专注和付出。如果眼前的事不做好而去过多思考自己喜欢什么，就像让没有学会走路的人去思考跑步到底是什么感觉。在这样的条件下，我们是思考不出自己喜欢什么的。因此，过多的思考这个问题，反而会让自己患得患失，不能把眼前的事情做好。

2. 用特长来分析自己的兴趣。一般男孩子找不到自己的兴趣的时候，那就看看自身有什么特长、什么优势吧！很多人的兴趣都是从特长、优势演变而来的。因为特长、优势会更有利于我们发挥自己的能力。

3. 出走是为了更好地回来。哈佛首任女校长 Drew G. Faust 在 2008

年致本科毕业生演讲时说的一段话非常好："先去尝试你最想做的东西，不用考虑太多。竭尽全力去试。如果真的不可为之的话再回到你只能去做的东西，这时候也能踏踏实实做出成绩来，不再疑惑。"

不断提高，不断超越

这个世上永远有比你更有智慧的人。

哈佛大学是个人才辈出的地方，所以每一位学生都不敢懈怠，拼尽自己的全力去学习。要知道，在这世上，无论你有多么聪明，多有智慧，比你聪明，比你有智慧的人还是有很多，因此，你才需要不断学习，提升自己，如果你没有意识到这一点，一直停滞在现有的水平上，那么，其实你就已经在倒退。

人活在世上，总是想让自己做得更好点，不论是在工作上还是生活上。一个人不可能做到完美，但是可以追求完美，在各方面不断提升自己。一个追求完美的人一定会自觉地、高度地严格要求自己，所以这样的人也就一定会成为一个成功的人。

在社会竞争日趋激烈，生活节奏不断加快的今天，人们的工作压力、思想压力和精神压力也越来越大。在到处充满竞争的社会，要想找到适合自己的位置，并且能够立于不败之地，就要能够战胜自我，不断完善自我。通过不断完善自我，提高自身自立能力和专注的精神，从而保持他人无与伦比的优势。

如果人人都能不断地完善自己，那么，这个社会也自然就和谐了。人本身就有许多不足，正因为本身的不足才要不断努力，让自己做得更好。在这个生活节奏越来越快的时代，人只有不断努力提高自己，才能生存得更好。所以不少人常不满足或永不知足，正因为如此，人们才有了不竭的精神动力，为了达到更大的满足而不懈地努力奋斗，从而不断地得到升华与进步，同时也推进了经济社会的不断发展。

一位成功学家曾聘用一名年轻男孩当助手，替他拆阅、分类信件，薪水与相关工作的人相同。有一天，这位成功学家口述了一句格言，要求他用打字机记录下来："请记住：你唯一的限制就是你自己脑海中所设立的那个限制。"

他将打好的文件交给老板，并且有所感悟地说："你的格言令我深受启发，对我的人生大有价值。"

这件事并未引起成功学家的注意，但是，却在男孩心中打上了深深的烙印。从那天起他开始在晚饭后回到办公室继续工作，不计报酬地干一些并非自己分内的工作——譬如替老板给读者回信。

他认真研究成功学家的语言风格，以至于这些信回得和自己老板一样好，有时甚至更好。他一直坚持这样做，并不在意老板是否注意到自己的努力。终于有一天，成功学家的秘书因故辞职，在挑选合适人选时，老板自然而然地想到了这个男孩。

在没有得到这个职位之前已经身在其位，这正是本文的男主人公获得提升最重要的原因。当下班的铃声响起之后，他依然坚守在自己的岗位上，在没有任何报酬承诺的情况下，依然刻苦工作，最终使自己有资格接受更高的职位。

故事并没有结束，这位年轻男孩的能力如此优秀，引起了更多人的关注，其他公司纷纷提供更好的职位邀请他加盟。为了挽留他，成功学家多次提高他的薪水，与最初当一名普通速记员时相比已经高出了4倍。对此，做老板的也无可奈何，因为他不断提升自我价值，使自己变得不可替代了。

无论你目前从事哪一项工作，每天一定要使自己获得一个机会，使你能在平常的工作范围之外，从事一些对其他人有价值的服务。在你主动提供这些帮助时，你应当了解，自己这样做的目的并不是为了获得金钱上的报酬，而是为了训练和培养更强烈的进取心。

哈佛大学著名教授威廉·詹姆斯曾说："生活中的成功并非取决于我们与别人相比做得如何，而是取决于我们所做的与我们所能做到的相比如何。一个成功的人总是与他们自己竞赛，不断创造新的自我纪录，不断改善与提高。"

人们常说，伟人之所以伟大，是因为他们常常站在别人肩膀上的缘故。而我们认为，一个人或者一名企业家要想独占鳌头，更要不断地超越自己，"站在自己的肩膀上"。能够站在自己肩膀上的人，往往会取得不断的成功。台湾的塑胶大王王永庆就是在不断超越自己的过程中，不断走向成功的。

王永庆，祖籍福建安溪，曾祖一代迁到台湾。1917年出生的他是在赤贫中度过的。他从离家到他乡给人做小店的打杂工做起，经过几十年艰苦创业，成为享誉世界的塑胶大王。1983年，世界前50名企业家的排列名单上，第一次出现了华人企业家的名字——台湾塑胶集团企业董事长王永庆。

他的经营管理经验，引起了企业界的高度重视，把他称为企业的"经营之神"。他的成就，就是靠自己的卓绝奋斗，又不断超越自己，站在自己的肩膀上取得的。

王永庆从小家庭赤贫，但是经过艰苦的奋斗，到1951年35岁时，他的财产已达5000万元。王永庆从赤贫奋斗到这个地位，在一般人看来，已经是大大的成功了，但他却并不自满，为自己定下了更高的目标，就是向更新的领域拓展事业，而他的新领域就是选在了当时许多人认为不看好的塑胶业。

20世纪50年代，台湾急需发展纺织、水泥、塑胶等工业。这时，还只是普通商人的王永庆，却做出了大胆决定：投资塑胶业。尽管王永庆周围的人对他冷嘲热讽，他还是在1954年与赵廷箴合作，筹借了50万美元，创建了台湾第一家塑胶公司。三年以后，台塑公司建成投产，首期月产100吨，而台湾本地只能销20吨。日本同类产品物美价廉，充斥台湾市场。台塑的产品严重滞销，就在这面临绝路之际，他采取"以毒攻毒"的策略，大幅度增加产量来压低成本和售价，以吸引更多的海内外客户，从而增强自己的竞争能力。于是，他变卖了自己所有的产业，再一次铤而走险，购下台塑公司所有的产权，独自经营。

由于石化技术的落后，使出口十分困难。为了解决技术问题，王永庆找了一个犹太人，白白送给他一个厂，希望这人能够提供技术及市场。第二年，王永庆成立了自己的加工厂，南亚塑胶加工厂，从而建立起塑胶原料与加工相连贯的生产体系。

王永庆以自己的苦心经营，使他经营的塑胶业从1956年年产1200吨开始，发展到现在年产100万吨，增长了800多倍，成为世界上最大的PVC塑胶粉粒生产厂商。总资本额在1984年就已达181亿元新台币，比初创时增长3600多倍，总营业额达1229亿元新台币，约合30.7亿美元，占台湾"国民生产总额"的5.5%，在民营企业中首屈一指。

有一个心理学家曾经说过："你一定比你想象的还要好，但是许多人并不这样认为。"许多杰出人士在小小年纪时，就怀有大志，就想与众不同，无论遭遇任何磨难，仍相信自己是最好的。你是不是有这样的信念，有别人打不倒的自信心呢？你的坚持有多强，你的自信就有多强，你的路就有多长。

每一个人都应该永远记住这个真理，只有不断超越自我的人，才是一个真正聪明的人。人生在世，每个人都有自己的独特的禀性和天赋，每个人都有自己独特的实现人生价值的切入点。你只要按照自己的禀赋发展自己，不断地超越心灵的绊马索，你就不会忽略了自己生命中的太阳，而湮

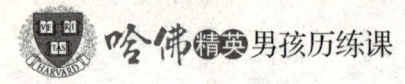

没在他人的光辉里。

哈佛精英历练要点

不断提升自己的能力，才能紧跟社会发展的步伐，而不至落在他人的后面。那么，男孩子该做些什么，来提升自己的能力呢？

1. 读书。读书是人类永远不变的主旋律。我们能在书中找到自己的坐标；我们能在书中得到自己期望得到的知识；我们能从书籍中得到各种安慰。书籍使我们明智，让我们越走越远！

2. 利用业余时间学习自己感兴趣的东西。学习自己感兴趣的东西，可以提高自己的积极性，同时也可以让自己脱离繁重的工作压力。比如有些朋友喜欢种花、摆弄盆栽。他在摆弄自己的兴趣中得到一种心灵的调剂，也在种花的过程中得到许多的种花技巧技能。再比如：踢球、打球、练习书法、画画、跆拳道、瑜伽、摄影等等。

学会珍惜时间

珍惜眼前的每一分每一秒，也就珍惜了所拥有的今天。

时间，它是人们生命中的匆匆过客，往往在我们不知不觉中，它便悄然而去，不留下一丝痕迹。人们常常在它逝去后，才渐渐发觉，留给自己的时间已经所剩无几。也正是如此，才有了古人一声叹息：少壮不努力，老大徒伤悲。

时间流逝得无影无踪，去得快，来得也快。能否把握时间，做时间的主人往往决定着一个人一生的命运。陶渊明说过："盛年不重来，一日难再晨。及时当勉励，岁月不待人。"人生短短数十秋，想要在如此短的时间内，取得成功，登上人生的顶峰，谈何容易。也正因为如此，珍惜时间就显得异常重要。每个成功人士的背后往往有个珍惜时间的故事。

鲁迅12岁在绍兴城"三味书屋"读私塾的时候，父亲正患着重病，两个弟弟年幼，鲁迅不仅经常上当铺，跑药店，还得帮助母亲干家务劳动。

有一天，鲁迅在家里帮助妈妈多做了一点事，结果上学迟到了，严厉的老师狠狠地责备了鲁迅一顿。鲁迅挨训以后，并不因为受了委屈而埋怨老师和家庭，他反而诚恳地接受了批评，决心做好精确的时间安排，再也不会因为做家务而迟到了。于是，他用小刀在书桌的右下角，正正方方地刻了一个"早"字，用以提醒和鞭策自己珍惜时间，发愤读书。

此后，鲁迅几乎每天都在挤时间。他说过：时间，就像海绵里的水，只要你挤，总是有的。鲁迅读书的兴趣十分广泛，又喜欢写作，他对于民间艺术，特别是传说、绘画，也深切爱好；正因为他广泛涉猎，多方面学习，所以时间对他来说，实在非常重要。

他一生多病，工作条件和生活环境都不好，但他每天都要工作到深夜才肯罢休。在鲁迅的眼中，时间就如同生命。美国人说，时间就是金钱。但他认为："时间就是性命。倘若无端的空耗别人的时间，其实是无异于谋财害命的。"因此，鲁迅最讨厌那些成天东家跑跑，西家坐坐，说长道短的人，在他忙于工作的时候，如果有人来找他聊天或闲扯，即使是很要好的朋友，他也会毫不客气地对人家说："唉，你又来了，就没有别的事好做吗？"

鲁迅一直对时间抓得很紧，他善于在繁忙中挤出时间来学习，他一生虽然只活了55岁，但给后人留下了大量的文学著作。

时间是最平凡的，也是最珍贵的。金钱买不到它，地位留不住它。"时间是构成一个人生命的材料。"每个人的生命是有限的，同样，属于一个人的时间也是有限的，它一分一秒，稍纵即逝。

然而，时间是宝贵的。虽然它限制了我们的生命，但我们在有限的生命里可充分地利用它。鲁迅先生说过，"时间，每天得到的都是二十四小时，可是一天的时间给勤劳的人带来智慧与力量，给懒散的人只能留下一片悔恨。"这句话形象地写出了成功的人，珍惜每分每秒，成就辉煌，而失败的人正因为抱着"做一天和尚敲一天钟"的思想得过且过，消磨时间，在他们眼里时间是漫长和无谓的，而当他们回过头之后，才发现时间如流水，一去不复返，才发现时间的可贵，可谓"少壮不努力，老大徒伤悲"啊！

苏秦自幼家境贫寒，温饱难继，读书自然是很奢侈的事。为了维持生计和读书，他不得不时常卖自己的头发和帮别人打短工，后又背井离乡到了齐国拜师求学，跟鬼谷子学纵横之术。苏秦自恃学业有成，便迫不及待地告师别友，游历天下，以谋取功名利禄。

一年后不仅一无所获，自己的盘缠也用完了。回到家里，妻子见他这个样子，摇头叹息，继续织布；嫂子见他这副样子扭头就走，不愿做饭；父母、兄弟、妹妹不但不理他，还暗自讥笑他。此情此景，令苏秦无地自容，对自己做了深刻的反省："妻子不理丈夫，嫂子不认小叔子，父母不认儿子，都是因为我不争气，学业未成而急于求成啊！"

他认识到了自己的不足，又重振精神，搬出所有的书籍，发愤再读书，他想道："一个读书人，既然已经决心埋首读书，却不能凭这些学问来取得尊贵的地位，那么，书读得再多，那又有什么用呢！"

于是，他每天研读至深夜，有时候不知不觉伏在书案上就睡着了。次日醒来，都懊悔不已，痛骂自己无用，但又没有什么办法不让自己睡着。有一天，读着读着实在倦困难当，不由自主便扑倒在书案上，但他猛然惊醒，手臂被什么东西刺了一下。一看是书案上放着一把锥子，他马上想出了治打瞌睡的办法：锥刺股（大腿）！以后每当要打瞌睡时，就用锥子扎自己的大腿一下，让自己猛然"痛醒"，保持苦读状态。他的大腿因此常常是鲜血淋淋，目不忍睹。

家人见状，心有不忍，便劝他。可是，苏秦回答说："不这样，就会忘记过去的耻辱；惟有如此。才能催我苦读！"经过"血淋淋"的一年"痛"读苏秦很有心得，写出"揣"、"摩"二篇。这时，他充满自信地说："用这套理论和方法，可以说服许多国君了！"于是苏秦开始凭用所得的学识和"锥刺股"的精神意志，游说六国，终获器重，挂六国相印声名显赫，开创了自己辉煌的政治生涯。

颜真卿曾写过这样一首诗："三更灯火五更鸡，正是男儿读书时。黑发不知勤学早，白首方悔读书迟。"想要自己成为一个有用的人，那么就应该珍惜每一分钟的时间来学习，唯有这样，才能提高自己的能力跟水平。

很多人不知道如何珍惜时间，其实合理安排时间，就等于珍惜时间。从每天都只有 24 小时这点来说，时间是一个常数，它对于每个人都是公平的；但对于勤快的人来说，时间要多出几倍，他使每年、每月、每天、每小时甚至每分钟都有它的特殊价值。

据统计，19 世纪，知识是 50 年翻一番；20 世纪中期，知识 10 年翻一番；现在，知识是 3 年翻一番。因此，我们只有以比二三十年前和一百多年前的青年们高出几倍乃至几十倍的效率来学习，才不至于被时间、被社会淘汰，否则，我们将一事无成，更谈不上为祖国的繁荣贡献力量了。

哈佛精英历练要点

时间就是生命，时间就是金钱。由此可见，时间的重要性。懂得珍惜时间的男孩子们，一定会把时间利用起来做很多有用的事，让自己成为一个优秀的人。那么，该怎样做，才能珍惜时间呢？

1. 时间管理第一大关键是设立明确的目标。成功等于目标，时间管理的目的是让你在最短时间内实现更多你想要实现的目标；你必须把自己的目标写出来，找出一个核心目标，并依次排列重要性，然后依照你的目标设定一些详细的计划，你的关键就是依照计划进行。

2. 同一类的事情最好一次把它做完。假如你在做纸上作业，那段时间都做纸上作业；假如你是在思考，用一段时间只作思考；打电话的话，最好把电话累积到某一时间一次把它打完。当你重复做一件事情时，你会熟能生巧，效率一定会提高。

3. 做好"时间日志"。你花了多少时间在哪些事情，把它详细地记录下来，每天从刷牙开始，洗澡，早上穿衣花了多少时间，早上搭车的时间，早上出去拜访客户的时间，把每天花的时间一一记录下来，做了哪些事，你会发现浪费了哪些时间。当你找到浪费时间的根源，你才有办法改变。

注重效率，才能先人一步

无论是在紧张的学习中，还是忙碌的工作之中，效率都是让你领先于他人的重要砝码。

有些每天奔波却一生潦倒，有人看似优哉安逸却取得了让人羡慕的成功，前一种人很努力却很悲哀，因为他们不懂得效率比傻干更重要的道理。我们不仅要坚持不懈地努力，更要懂得怎样去努力才能达到最高的效率，只有这样才能尝到成功的滋味。

有一次，美国劳工部部长赵小兰准备接受电视台的采访，一向守时的赵小兰提前赶到了电视台。可是，就在采访前的十几分钟，突然出了一个小小的插曲。

在一般情况下，这时候被采访的嘉宾会和主持人提前接触一下，双方会进行简单的交流，从而既消除了各自的紧张情绪，又能增进了解。可就在赵小兰和主持人要见面的时候，赵小兰忽然停在了屋子的外面，请助手告诉主持人稍等一下。

赵小兰的举动让电视台的工作人员都有些摸不着头脑，就在大家胡乱猜想的时候，赵小兰带着春风一样和煦温暖的笑容走了进来，非常优雅得体地和工作人员们打了招呼，然后微笑着和主持人一起坐了下来，双方开始了正式的接触。

刚一坐下来，赵小兰便开口道歉："抱歉，让您久等了！"主持人没想到赵小兰这样的大人物竟然会如此谦虚诚恳，连忙说不介意。

"刚才我的状态不太好，情绪状态没有达到最好的状态，所以我站在门外平静了一会儿，调节好了之后才进来，这样一来就耽误了一些时间，真是非常不好意思。"赵小兰微笑着解释着，接着继续说道，"每个人的状态都有高有低有好有坏，就像是起伏不定的波浪一样。当我状态不佳的时候，我会尽快躲在不太显眼的地方调节自己的情绪，等我感觉到自己的精神状态已经调节好之后，才会以自己最美的姿态来参与公众生活。"

主持人对赵小兰的话非常好奇，这时候离正式采访还有一段时间，于是主持人就和赵小兰继续聊起了这个话题。主持人很好奇地问赵小兰这样的自我调节真的有很明显的效果吗？赵小兰微笑着回答道："在谈话中，并不是滔滔不绝地说个不停就能达到最好的效果，要想达到最好的结果，就必须知道什么时候该说话和什么时候该说什么样的话，这样虽然语言不多，却能让交谈的人都非常愉悦，自然也就能实现预期的目的；而在具体做某一件事情的时候也是如此，并不是忙忙碌碌累得团团乱转的人就能做得最好，而要学会在什么时间该做什么样的事情，这样才能用最少的精力做好最多的事情。简而言之一句话，效率比傻干更重要。"

主持人点了点头，继续看着赵小兰，等待着她的下文。"比如刚才的事情，如果我没有调整到最好的状态，而是以一种低迷的状态来和您交谈，那么很可能采访的质量就不会高，那既是对您的不尊重，也是我的损失。所以，我用极短的时间调节了一下自己的身心，就能换来一次成功的采访和结交到更多的朋友，这样不正是最好的结果吗？"

赵小兰说完之后，主持人露出了会心的微笑。这时候，正式采访的时间马上就要到了，两个人都做了一个深深地呼吸，调节了一下自己的情绪，然后微笑着进入到了正式的采访时间。

在那一天的采访中，两个人谈了很多问题，每一个问题的问答都非常精彩，节目做得非常成功。采访之后，这位主持人对赵小兰的智慧赞不绝口，不无感慨地说道："这样一个懂得高效率处世的人，获得怎样的成就都不足为奇！"

自从被美国总统力邀进入白宫担任劳工部部长一职之后，赵小兰这个美国历史上第一位进入内阁的华裔就用自己的智慧干练连创佳绩，很快就成为全世界瞩目的政治人物。尤其是她这种强调高效率胜于傻干的务实的处世方法，帮助她在工作和生活中取得了巨大的成功。

效率胜于傻干的道理同样适用在学习上。对于处在青春期，正在念书的男孩子，他们可能都会有这样的疑惑：为什么我整天都在学习，可成绩却上不来？为什么上完课之后，老师讲过的知识我都记住了，可到了第二天，回想老师前一天讲过的知识大多都给忘了呢？还有的同学回到家，赶忙做作业，一遇问题，赶紧翻书，看一眼书中的例题，然后继续做。就这样，看看书做做作业，总算把作业做完了，他就觉得完成了学习任务。这种做作业的习惯好吗？有效吗？研究表明：学习的成功不仅要靠能力和勤奋，也要靠有效的学习方法。学习方法不当会极大地降低学习效率。

学校老师出了十道数字题目要同学回去练习，下星期一交。小华和小强两人同班而且是邻居，星期日的时候，小华在窗口看见小强正要出门，他很好奇地问："小强你数学做完了吗？"

"还没！"小强答得很肯定。

"还没？那你怎么不做完再出去？"

"我出去打球运动运动，回来再做。小华你要不要一起去玩？"

小华摇头。于是，小强就走了。

小华一个人坐在书桌前思索，也不知道坐了多久，身体都僵硬，两腿也麻痹了，然而他只做完两题，中午吃饭时间就到了。

下午一吃完饭没多久，小华又忙着做功课去，连他往常爱看的电视都不顾。愈想脑筋愈呆滞，怎么样也解不出习题，他便想找小强一起研究。

去到他家，他母亲说他刚睡午觉。小华却颇惊异地在他书桌上看见，他已做完五题习题。

一小时后小华再去找小强，小强也醒了，他正在算习题，速度又快又准确，小华心生羡慕，便向小强求教。

"我只是让自己心情放松，把数学想得很有趣，真的想不出解题方法就去活动一下筋骨，呼吸新鲜空气，让脑袋比较清醒而已，才不是什么天才啦！"

很多男孩子其实都和故事的小华一样，有时候会陷入解不出题的困惑之中，一坐数小时，捻断数根白发，习题就是不解半个，愈想愈心急，最后对学习恨之入骨。其实，想要改变这种境况并不难，只要我们灵活一点，别把自己逼到死角。

生活中，当我们遇到解决不了问题时，可以给自己一些时间调整一下思绪，然后再去解决，说不定灵感一来，问题就能解决了；或者实在是解决不了也可以请周围人帮忙，这样问题同样也能很好地解决。总之，千万别闷头傻干，要找方法，才能提高办事效率，才能先人一步，抢在别人前面，这对我们未来的发展是有很大的好处的。

哈佛精英历练要点

懂得注重效率的男孩子，未来一定会活得很出色。那么，男孩子该怎样培养自己注重效率的习惯呢？根据其他成功人士的经验，可以整理出几种方法：

1. 不要浪费时间。"时间就是金钱"的金科玉律，男孩子们万万不可忘。一件事倘若一次能做完，就不要拖拖拉拉，或者找人帮忙，人多手杂有时反而帮倒忙。试着专心亦能减低失败的概率，也减少时间的浪费。

2. 提高学习、做事的心理素质。将积极的情感同学习和所做的事情联系起来，防止消极情绪的滋生，可以促进学习和做事的效率。善于控制自己，是学习及做事意志力培养的关键。控制和约束自己的行动，控制不需要的想法和情绪，可以使思想集中到学习或做事上来，这点是尤为重要的。

3. 适当休闲。"休息，是为了走更长远的路。" 一句耳熟能详的话，能真正从中领略妙义，而体验人生的美好者少之又少。一时想不出对策解决的问题，姑且暂搁一旁，出去吹吹风、透透气，不要让思路窒息了。

第三章

思维课

　　伟大的科学家爱因斯坦曾经说过这样一句名言："学知识要善于思考、思考、再思考，我就是靠这个方法成为科学家的。"从这句名言中，我们明白：思考是取得成功的途径。所以，我们要勤于思考，善于思考，不断地充实自己的大脑，让自己走向成功。

学会独立思考

连独立思考能力都不具备的人，是毫无气质可言的人，因为他连自己都"丧失"了。

在生活中，我们或许早已习惯于以"专家"、"大师"、"学术权威"们的意见为自己的意见。诚然，专家大师之言在很多情况下是正确高明的。但是他们毕竟是凡人不是神明，他们不可能在任何事情上都是正确的。甚至可以说，专家大师们犯错，比普通人所犯的错误更难以纠正。因为在光环的笼罩下，很少有人有质疑他们意见的勇气。

那么，我们怎么办？方法很简单：学会独立思考。早在几百年前，思想家康德就曾说过："要敢于运用自己的理智。"只有我们拥有了自主甄别是非的意识，我们才不会被大师专家们头顶的光环蒙蔽了双眼，而陷入盲从之中。

从前，有一只熊觉得自己很笨，它希望自己有一天能变得聪明，但是又不知道该怎么做。有一次，它遇见了动物王国里最聪明的狐狸，于是十分开心，它跑到狐狸面前，很有礼貌地问："狐狸大哥，听说你的脑袋是出了名的好使，那么，你能不能帮助我，让我的脑袋变得像你一样聪明呢？"狐狸自来就瞧不起笨熊，于是打算戏耍它一番，便回答说："我不敢肯定，但可以试一试。"

它们来到田边，狐狸对熊说："看到田里的禾苗了吗？有种魔法，如果你去让它们长快一点，对你可是大有裨益的。"熊于是兴冲冲跑到田里，照狐狸的话把它们拔出一点。

接着，它们又来到河边，狐狸指着水下的砾石说："你注意到没有，那便是著名的智慧种子，如果你能让它们生根发芽，你将受益无穷。"于

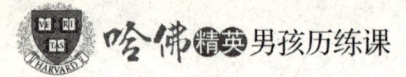

是熊蹚进水里，捞起许多的石块，拿到河边深深掩埋。

"要到什么时候，"熊迫不及待地问，"这些魔法才能产生效力？"

"不久，"狐狸回答说，"只要拔出的禾苗长出稻穗，埋下的石头能够开花结果，你就是森林里最聪明的动物了。"

熊对此深信不疑，从此，它每天都要跑去看禾苗与石头的长势，就这样日复一日……

聪明的人都知道：拔出的禾苗永远长不出稻穗，埋下去的石头永远不会开花结果，当然，不肯动脑筋的熊也永远成不了森林里最聪明的动物。其实要想变聪明并不难，俗话说："脑子越用越好使"，只有学会独立思考，才会越来越聪明，像熊那样不动脑子，希望找到一条变聪明的捷径，那样只会上当受骗。

每一个人都要学会思考，不会思考的人是一个不完整的人。只有思考才能领悟到事情的全部。英国经验主义大师培根在其随笔中写道："青年人思想活跃，富有创造力和想象力，有时灵感有如神助。"这话当然是在赞美年轻人，因为年轻人相对于老年人而言，的确是活力四射。但你若真的深入去研究年轻人思想的活跃程度，你会发现，他们当中其实还有很大一部分是处于整天庸庸碌碌、对思想敏感无知无觉状态的。而真正保持头脑清晰，思想活跃，勇于创新的年轻人，实在少之又少，但他们将是这个社会未来的中坚力量。

因此思考是人类最具价值的东西。因此在复杂的社会群体中，我们要冷静思考，用理性去观察社会，去思考人生。渐渐我们就能征服世界。

伟大的科学家爱因斯坦，非常重视培养青少年勤于思考的习惯。他晚年住在美国普林顿一所简朴的木板房子里。邻家有个十几岁的小女孩，放学后，时常来看望这位白发苍苍的科学家。爱因斯坦也喜欢经常检查她的功课和作业。

有一次，孩子拉着他的手亲昵地问："爱因斯坦爷爷，这道题怎么做？"爱因斯坦和蔼地说："孩子，要学会思考，不要一碰到困难就向别人伸手。"有时,爱因斯坦对小女孩稍加启发地说:"我给你指个方向,不过,答案还得用你的头脑去找。"

原来,爱因斯坦自己在少年时候就是个爱思考问题的孩子。他在14岁时,能够自学几何和微积分,在自学中一旦遇到困难,总是细心琢磨,反复思考,直到实在算不出来时才向别人请教:"给我指个方向吧。"但是不等人家开口,他就提出要求说:"不要把答案全部告诉我,留着让我思考!"后来,他成了一位杰出的科学家。

我们能不能成功,关键的一点是能不能透过纷繁复杂的表象看清事物的本质及价值之所在。而成熟的思考正是透过纷繁复杂的表象看清事物的本质及生命价值的基本条件。

在人生的旅途中,思考是黑暗里的光明,思考是绝境中的村落,思考是迷途中的司南,思考是汪洋中的灯塔。学会思考,往往会另辟蹊径,在绝处逢生,开拓一片蔚蓝的天空。在思考之中,或许我们会渐渐明白属于自己的归宿,不会在人生路上漫无目地徘徊,在思索之中,或许我们能慢慢地领悟人生最高的智慧。

哈佛精英历练要点

人要学会独立思考,不能人云亦云,这样才能有所发展。所以,男孩子应该培养自己独立思考的习惯。那么,具体该怎么做呢?

1. 凡事自己动脑筋。很多男孩子在生活中遇到问题,习惯了依赖身边的人,自己不愿意动脑,这样做不利于自己的成长和发展。所以,男孩子要改掉这样的习惯,学会凡事自己动脑筋,把问题解决。

2. 打破权威主义。权威主义一般源自官方文献或是名人名言。平心而论,某些名人警句确实能起到常识无法具有的社会效益。但这并不是说唯有名人名言所传达的信息才是考量一切事物法则的金科玉律。所以,别让权威主义影响了自己的思考。

3. 别受他人思想的干扰。在我们身边总是围着很多人,每个人的想法

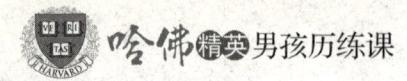

都是不同的，所以我们想要独立思考，那么就应该让自己不要受到他人思想的干扰。

做出适合自己的选择

我们要时刻准备跟随自己的心，而不是随波逐流。

面对选择，我们要扣问内心，让内心去回答去抉择，选出一条无悔的道路。当他人的劝告，世俗的追求蒙蔽我们的双眼时，不妨打开心灵的窗户，让心灵指引我们向前。

著名数学家陈省身在欧洲留学时，就曾面临选择的难题。年轻的他才华横溢，对数学几何与数论均有研究。研究生学习时，他要从这两支中选择一支确定自己终身的研究方向。扣问内心挚爱，他最终选择了几何。而今他已成为世界微分几何之父，并在八旬高龄仍攻克世界几何学数道难题。可见，让心灵替我们解答，可以做出最佳的答案。

人的一生，选择多多，面对两难的选择时，不必慌张焦虑，只需冷静下来去思考，根据自身的优点和缺点，才能做出适合自己的选择。

从前有一个非常勤奋的青年，很想在各个方面都比身边的人强。经过多年的努力，仍然没有长进，他很苦恼，就向智者请教。

智者叫来正在砍柴的三个弟子，嘱咐说："你们带这位施主到五里山，打一担自己认为最满意的柴火。"年轻人和三个弟子沿着门前湍急的江水，直奔五里山。

等到他们返回时，智者正在原地迎接他们。年轻人满头大汗、气喘吁吁地扛着两捆柴，蹒跚而来；两个弟子一前一后，前面的弟子用扁担左右各担4捆柴，后面的弟子轻松地跟着。正在这时，从江面驶来一个木筏，载着小弟子和8捆柴火，停在智者的面前。

年轻人和两个先到的弟子，你看看我，我看看你，沉默不语；唯独划木筏的小徒弟，与智者坦然相对。智者见状，问："怎么啦，你们对自己的表现不满意？""大师，让我们再砍一次吧！"那个年轻人请求说，"我一开始就砍了6捆，扛到半路，就扛不动了，扔了两捆；又走了一会儿，还是压得喘不过气，又扔掉两捆；最后，我就把这两捆扛回来了。可是，大师，我已经很努力了。"

"我和他恰恰相反。"那个大弟子说："刚开始，我俩各砍两捆，将4捆柴一前一后挂在扁担上，跟着这位施主走。我和师弟轮换担柴，不但不觉得累，反倒觉得轻松了很多。最后，又把施主丢弃的柴挑了回来。"

划木筏的小弟子接过话，说："我个子矮，力气小，别说两捆，就是一捆，这么远的路也挑不回来，所以，我选择走水路……"

智者用赞赏的目光看着弟子们，微微颔首，然后走到年轻人面前，拍着他的肩膀，语重心长地说："一个人要走自己的路，本身没有错，关键是怎样走；走自己的路，让别人说，也没有错，关键是走的路是否正确。年轻人，你要永远记住：选择比努力更重要。"

存在主义哲学家萨特曾说："英雄不是天生的，懦夫也不是天生的，都是自己选择的。"每一个希望自己能有所作为的人面对着未来很多未知、变化和不可测因素都应该充分考虑，慎重做出选择，并拿出勇气来承担人生各种选择而造成的后果，只有这样，我们才能够成为生活中的强者。

有一次，有三个年轻人一同结伴外出寻找发财的机会，他们来到了一个盛产苹果的偏僻山镇，他们发现那里的苹果又红又大，味道香甜。真的太好了，但由于地处山区，信息、交通等都很不发达，这种优质的苹果只能在当地销售且价格非常便宜。第一个年轻人望着苹果双目发亮，倾其所有购买了一批苹果运到大城市销售；第二个年轻人用了少量的钱购买了100棵苹果树苗带回家种，3年时间没有一分收获；第三个年轻人一连几天围着果园东看西看，后来拿了一把泥土送到农科所化验，分析出了泥土的成分、湿度等，用了3年时间培育出与那把泥土一样的土壤……

10年过去了。第一个年轻人每年依然购买苹果运回来销售。但因为当地交通、信息已经发达了，竞争者太多了，每年赚钱很少甚至赔钱？第二个购买树苗的年轻人早已拥有了自己的苹果园，但因为土壤不同长出来的苹果较之有些逊色但仍然可以赚到相当的利润。而第三个拿了一把泥土的年轻人，培育出来的苹果和那里的苹果相比不相上下，每年秋天都引来无数慕名而来的采购商竞相购买，总能卖到最好的价钱……

这个故事告诉我们，思路决定出路，不同的选择铸成不同的结局。每个人身上都有一种伟大的力量和能力，这就是选择的力量和能力，但你要学会如何去运用这种能力，要选择自己想要的，同时适合自己的方向，同时具有一定的目标，持久的行动执行力，梦想才会开花结果。

哈佛精英历练要点

选择适合自己做的事，才能把事情做到最好；选择适合自己的方向，才能走得一路顺畅。所以，男孩子一定要学会做出适合自己的选择。那么，到底怎样才能做出适合自己的选择呢？

1. 了解自己喜欢做什么。一个人如果总是在做他喜欢做的事情，心情想必是非常愉快的，而且还能够热情投入到其中，有了热情，自然会全心全意把事情做好。

2. 了解自己能够做什么。一个人喜欢做力所不及的事情往往会被人看作好高骛远，进而很快会让周围人对你失去信心，所以，男孩子一定要学会全面了解自己，知道怎么能够做什么，这也许就是最适合你的。

3. 询问一下周围人的意见。有时候"当局者迷，旁观者清"。所以，男孩子在感觉迷惑的时候，也可以多多询问周围人的意见，这也有助于自己做出正确的选择。

注重小事，才能成功

一个不注意小事情的人，永远不会成就大事业。

也许很多人，总不屑一顾事物的细节，太自信"天生我才必有用，千金散尽还复来"，殊不知，我们普通人，大多数的时间，都是在做一些小事，假如每个人能把自己生活中的每一件小事做好、做到位，就已经很不简单了。

很多小事，一个人能做，另外的人也能做，只是做出来的效果不一样，往往是一些细节上的功夫，决定着完成的质量。看不到细节，或者不把细节当回事的人，对工作缺乏认真的态度，对事情只能是敷衍了事。

日本狮王牙刷公司的员工加藤信三就是一个活生生的例子。有一次，加藤为了赶去上班，刷牙时急急忙忙，没想到牙龈出血。他为此大为恼火，上班的路上仍是非常气愤。

回到公司，加藤为了把心思集中到工作上，还是硬把心头的怒气给平息下去了，他和几个要好的伙伴提及此事，并相约一同设法解决刷牙容易伤及牙龈的问题。

他们想了不少解决刷牙造成牙龈出血的办法，如把牙刷毛改为柔软的狸毛；刷牙前先用热水把牙刷泡软；多用些牙膏；放慢刷牙速度等等，但效果均不太理想。后来他们进一步仔细检查牙刷毛，在放大镜底下，发现刷毛顶端并不是尖的，而是四方形的。加藤想："把它改成圆形的不就行了！"于是他们着手改进牙刷。

经过实验取得成效后，加藤正式向公司提出了改变牙刷毛形状的建议，公司领导看后，也觉得这是一个特别好的建议，欣然把全部牙刷毛的顶端改成了圆形。改进后的狮王牌牙刷在广告媒介的作用下，销路极好，销量直线上升，最后占到了全国同类产品的 40％ 左右，加藤也由普通职员晋升为科长，十几年后成为公司的董事长。

牙刷不好用，在我们看来都是司空见惯的小事，所以很少有人想办法去解决这个问题，机遇也就从身边溜走了。而加藤不仅发现了这个小问题，而且对小问题进行细致的分析，从而使自己和所在的公司都取得了成功。

琐碎的事、单调的事，他们也许过于平淡，也许鸡毛蒜皮，但这就是工作，是生活，是成就大事不可缺少的基础。所以无论做人、做事，都要注重细节，从小事做起。一个不愿做小事的人，是不可能成功的。老子就一直告诫人们：天下难事，必做于易；天下大事，必做于细。要想比别人更优秀，只有在每一件小事上比功夫。不会做小事的人，也做不出大事来。

李强读小学时，他的老师们喜欢用"错一个小数点，卫星就不能上天"之类的话对同学们发出警告，要他们细心、细心、再细心，尤其在面临大考的时候。这个警告后来演变成李强和同学们的口头禅，成了开玩笑、嬉闹时的惯用语。

有一天，美术老师偶然听见李强和其他一些同学这样说话，很遗憾地摇摇头，对他们说："你们这些孩子，不懂得卫星和小数点的意义，忽视了一个很严肃的道理。"那天恰好学习画人手，美术老师说："手，看起来不复杂，但我先讲一个故事，之后你们可能就会认真学画了。德国有一家服装厂，每年生产许多手套，都在附近的城市销售，销量一直平稳。有一年，他们得知不远的地方新建了一家专门生产手套的小厂，由于这个小厂业务量不大，对他们似乎没有什么影响，就不太在意。但是，一年后，他们又发现：自己生产的手套在市场上不吃香了，而那个小厂生产的手套几乎占领了 80％ 的市场份额……"

故事还没讲完，美术老师的话转了个弯："你们猜猜，这是为什么？"同学们七嘴八舌地列举了许多理由，美术老师对其中的部分答案表示肯定，但同时又一次鼓励我们继续猜。十分钟后，教室里没声音了。美术老师神秘地笑了，说："手套里有一个微小的数字，决定了它是否更讨人喜欢……"原来，那家小厂生产的手套，即使同一双，大小都是不一样的。因为大多数人是右撇子，右手通常比左手大 4%。所以，这种大小不一的手套，戴起来感觉更合适。

"这个 4% 的区别，使小厂获得了 80% 的手套市场份额，听起来是不是很有意思？"美术老师得意地说，"我知道，卫星离你们太遥远，但手套你们总见过吧。记住，以后不要轻易蔑视那些看似细小的事物，它们有时能决定事情的成败。"

我们不要认为自己所做的工作太小了就不认真对待，敷衍了事。在工作中，没有任何一件事情，小到可以被抛弃；没有任何一个细节，细到应该被忽略。海尔集团的总裁张瑞敏曾这样说："把每一件简单的事做好就是不简单；把每一件平凡的事作好就是不平凡。"同样是做小事，有的人最后成功了，就是因为他们没有把这些小事当作小事来做。

"小事成就大事，细节成就完美"，工作中无小事。我们应该付出热情和努力，多想怎样把工作做好，尽职尽责，在平凡的岗位上注意从小事入手，先成就小事，再成就大事，最后走向成功。"不积跬步无以至千里，不积小流无以成江海。"一个眼睛能看见小事的人，将来自然能看见大事；一个眼睛只能看见大事的人，他会忽略很多小事，是不会成功的。做不好小事，何以成大事、成大业？

哈佛精英历练要点

细节决定成败，小事做好才能成就大事，这个道理每个人都知道，也经常挂在自己的嘴边，但是说得容易做起来难。那么，男孩子到底该怎么做，才能注重到"小事"呢？

1. 心态要认真。毛主席说："世界上怕就怕认真二字。"态度决定一切，如果你一直抱着得过且过的心态，只要能完成任务，而不注重实际效果，那么"细节"的一切就无从说起。想要真正把这件事做好，那么，就必须端正自己的态度，这样才会留心每一件小事。

2. 学会细心。法国大作家巴尔扎克曾说：生活，无非是一堆细小情况，而最伟大的热情就受这些情况管制。如果想让自己注重小事，那么就必须要学会观察，养成留心周围事物、留心生活的习惯，这是最为重要的途径。

3. 多多思考。不思考的人，即便发现了小事，也不知道如何去做。所以，这就要求男孩子们必须要养成多多思考问题的好习惯。这样才能通过思考去发现问题，并解决问题。

创造力来源于对生活的思考

有创造力的人愿意生活在模棱两可中。他不需要问题立即得到解决，而能等待合适的想法。

爱因斯坦说："创造力比知识更重要，因为知识是有限的，而创造力几乎概括了这个世界的一切，它推动技术进步，它甚至是知识的源泉。"由此可见，创造力对我们的成长而言十分重要。那么，到底什么是创造力呢？

创造力，其实是人类特有的一种综合性本领。一个人是否具有创造力，是一流人才和三流人才的分水岭。它是知识、智力、能力及优良的个性品质等复杂多因素综合优化构成的。创造力是指产生新思想，发现和创造新事物的能力。它是成功地完成某种创造性活动所必需的心理品质。有了它，社会才能不断地发展。因此，男孩子们从小就应该培养自己的创造力。

创造力在没有真正实践成功之前，只是一种虚无的概念，简单来说，它是我们每个人脑中的思想。想要自己变得富有创造力，就必须开发自己的思想，从生活的本身来进行思考，努力开拓、发掘，这样立足于现实，才能真正有所创造。

有一个奇异的小村庄，村庄里除了雨水没有任何水源，为了解决这个问题，村里的长者决定对外签订一份送水合同，以便每天都能有人把水送到村子里，有两个人愿意接受这份工作，于是村里的长者把这份合同同时给了这两个人。

得到合同的两个人中有一个叫艾德，他立刻行动了起来，每日奔波于1公里以外的湖泊和村庄之间，用他的两只桶从湖中打水并运回村庄，再把打来的水倒在由村民们修建的一个结实的大蓄水池中。尽管这是一项相当艰苦的工作，但是艾德很高兴，因为他能不断地挣钱。

另外一个获得合同的人叫比尔。令人奇怪的是自从签订合同后比尔就消失了，几个月来，人们一直没有看见过比尔。这点更令艾德兴奋不已，由于没人与他竞争，他挣到了所有的水钱。

比尔干什么去了呢？他做了一份详细的商业计划，并凭借这份计划书找到了4位投资者，和他一起开了一家公司，6个月后，比尔带着一个施工队和一笔投资回到了村庄。花了整整一年的时间，比尔的施工队修建了一条从村庄通往湖泊的大容量的不锈钢管道。

此时，比尔却在思考：如果这个村庄需要水，其他有类似环境的村庄一定也需要水。于是他重新制定了他的商业计划，开始向全国甚至全世界的村庄推销他的快速、大容量、低成本并且卫生的送水系统。每送出一桶水他只赚1便士，但是每天他能送几十万桶水。无论他是否工作，几十万的人都要消费这几十万桶水，而所有的这些钱便都流入了比尔的银行账户中。显然，比尔不但开发了使水流向村庄的管道，而且还开发了一个使钱流向自己的钱包的管道。

从此以后，比尔幸福地生活着，而艾德在他的余生里仍拼命地工作，最终还是陷入了"永久"的财务问题。

有人说：生活的环境太平凡了，没有一个好的空间便不能创造。平凡不过的一张白纸，八大山人挥毫泼墨，便成为一幅名贵杰作。平凡不过的一块石头，到了菲迪亚斯、米开朗基罗的手里，可以成为不朽的塑像。

有人说：生活太过乏味无趣了，不能激发新思想，所以不能创造。乏味无趣无过于坐监牢，但是就在监牢中产生了《易经·卜辞》，产生了《正气歌》，产生了苏联的国歌，产生了《尼赫鲁自传》。乏味无趣又无过于沙漠了，而雷赛布竟能在沙漠中造出苏伊士运河，把地中海与红海贯通起来。

可见，平凡与乏味无趣只是懒惰者之遁辞。既然已不平凡不乏味无趣了，又何须乎创造？我们就是要在平凡中造出不平凡，让乏味无趣变得不再乏味无趣。其实，多发挥自己脑中的奇思妙想，再去实践它，很可能就会创造奇迹。

1609 年 6 月，伽利略听到一个消息，荷兰人汉斯·李普希制成了可以将远处看不清的东西变得看见了，也能将肉眼看不见的东西变得很大、看得清楚的工具——望远镜和放大镜。荷兰人虽然发明了望远镜，但政府严守制造高倍放大镜的秘密。

不久，伽利略的一个学生从巴黎来信，进一步证实了这个消息的准确性，信中说尽管不知道李普希是怎样做的，但肯定是制造了一个镜管，用它可以使物体放大许多倍。"镜管！"伽利略的思想翻腾了，透镜成像的原理在他的脑海中跳了出来。他急忙跑进他的实验室，找来有关透镜的资料，研究透镜成像原理，画出一张又一张的示意图，不停地进行计算。从暮色爬上窗户，又到曙光照亮房间，伽利略终于明白了，镜管能够放大物体的秘密在于选择怎样的透镜，特别是凸透镜和凹透镜如何进行搭配。

伽利略非常高兴，找来助手与学生，指导他们立即动手磨制镜片。他们一连干了好几天，伽利略再从中精心挑选出一对凸透镜和凹透镜，然后又请了一个能工巧匠，制作了一个精巧的可以滑动的双层金属管。现在，该试验一下他的发明了。伽利略小心翼翼地把他的发明对着窗外，奇迹出现了，那远处的钟楼被拉到了自己的眼前，钟楼上的十字架清晰地展现在了自己的面前，飞到十字架落脚的鸽子仿佛飞到了自己的面前。

伽利略兴奋了，他将凸透镜和凹透镜之间的距离做了进一步的调整，然后将自己的发明对准了天空。天空顿时被拉到了自己的面前，上帝没有见到，可一个个圆球形的星体却展现在了面前。天空的秘密再不用猜想，用这双自己创造的"眼睛"能开始仔细地观察了。

其实，你看，创造并没有想象中那么难，只要你有想法，再努力去尝试，去行动，那么还有什么事是不可能的呢？

生活中，我们每个人都会有"灵光一现"之时，只要你不刻意忽略它，而是将它认真对待，再深刻思考，并用心去做，那么你脑中思想的创造就会化为现实。

哈佛精英历练要点

探求未知世界规律和原理的科学家、塑造不朽光辉形象的文学家、善于经营理财的企业家、发明设计新产品、搞革新的工人以及在各行各业中有所作为的人……这些都是创造型人才。要成为这样的人，就必须具备创新精神和创造性地解决问题的能力。那么，男孩子们如何在生活中培养自己的创造力呢？

1. 展开幻想。想象力是人类运用储存在大脑中的信息进行综合分析、推断和设想的思维能力。在思维过程中，如果没有想象的参与，思考就发生困难。特别是创造想象，它是由思维调节的。

2. 培养强烈的求知欲。古希腊哲学家柏拉图和亚里士多德都说过，哲学的起源乃是人类对自然界和人类自己所有存在的惊奇。他们认为：积极的创造性思维，往往是在人们感到"惊奇"时，在情感上燃烧起来对这个问题追根究底的强烈探索兴趣时开始的。因此要激发自己创造性学习的欲望，首先就必须使自己具有强烈的求知欲。

3. 培养思维的流畅性、灵活性和独创性。流畅性、灵活性、独创性是

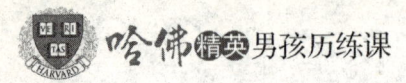
创造力的三个因素。流畅性是针对刺激能很流畅地做出反应的能力。灵活性是指随机应变的能力。独创性是指对刺激做出不寻常的反应，具有新奇的成分。男孩子要对这三点引起足够的重视。

学会逆向思考

天才只不过是以非惯常方式感知事物的才能。

生活中处处潜藏着看似不可能的机变，关键是要习惯一种逆向思考的方法。有时需要我们超越的只是小小的一步。

哈佛教授在课堂上曾给学生们举过这样一个例子：一位商人向哈桑借了 2000 元，并且写了借据。在还钱的期限快到的时候，哈桑突然发现借据丢了，这使他焦急万分，因为他知道，丢失了借据，向他借钱的这个人是会赖账的。哈桑的朋友纳斯列金知道此事后对哈桑说："你给这个商人写封信去，要他到时候把向你借的 2500 元还给你。"哈桑听了迷惑不解："我丢了借据，要他还 2000 元都成问题，怎么还能向他要 2500 元呢？"尽管哈桑没想通，但还是照办了。信寄出以后，哈桑很快收到了回信，借钱的商人在信上写道："我向你借的是 2000 元钱，不是 2500 元，到时候就还你。"

"逆向思维"是一种很重要的思维方式。所谓的"逆向思维"也叫求异思维，它是对司空见惯的、似乎已成定论的事物或观点反过来思考的一种思维方式。也就是说，当大家都以同一种固定的思维方式、朝着同一个固定的思维方向思考某一事件或者某一问题时，你却独自朝相反的方向思索，这样的思维方式就叫逆向思维。

与常规思维不同，逆向思维是反过来思考问题，是用绝大多数人没有想到的思维方式来思考问题。运用逆向思维来思考和处理一些特殊事情，可能会达到"出奇制胜"的效果。所以，逆向思维的结果常常会令人大吃一惊，喜出望外。

相传北宋史学家司马光，童年时代就常常表现得聪明过人。有一天，司马光和许多小孩一起在一个大花园中玩耍。有一个小孩在爬假山时，脚下一滑，跌进了假山下一口盛满水的大花缸中。别的孩子一见，个个惊慌失措，呼叫着四散而逃。

而司马光见状，却不慌不忙，搬起一块大石头，使劲地朝大花缸砸了过去。水缸被砸破了，水哗哗地流光了，落水孩子终于得救了。按照通常的做法，小孩落水，都是采用从水中将之抱起来的"传统救法"；而司马光却一反常规，用砸缸救人的办法救出了小孩。因为根据当时情况，还没有人能一下子从大花缸里抱起落水的孩子。虽然花缸被砸破了，却达到了及时救人的目的。司马光采取这种救人方法就是依靠逆向思维来完成的。

从反方向思考，或把问题颠倒过来看一看，往往能发现别有一番洞天的见解。这种事例在日常生活和工作中很多，由于它能出奇制胜，灵活多变，"反其道而思之"，结果往往会取得意料不到的成功。

有的时候改变自己才能真正清除成功路上的绊脚石。逆向思维是成功路上的一种捷径，它缩短了行动与目标之间的距离。它的匠心独运、别出心裁，往往为你的理想做出了独创性的贡献。当然，通向成功的大道，绝不止逆向思维一种方式。每个渴望成功的人，都应具有突破常规的思维，结合具体的行动，才能达到自己既定的远大目标。

巴黎有一条街，住着三个手艺高超的裁缝。可是，因为距离太近，三人之间的竞争非常激烈。为了能够吸引更多的顾客，三个裁缝在各自门口的招牌上做文章。

一天，一个裁缝挂出"巴黎最好的裁缝"的招牌，结果吸引了许多顾客光临。看到这种情况以后，另一个裁缝也不甘示弱，第二天，他在门口挂出了"法国最好的裁缝"的招牌，结果同样招揽了不少顾客。第三个裁缝非常苦恼，前两个裁缝挂出的招牌吸引了大部分的顾客，如果不能想出一个更好的办法，很可能就要成为"生意最差的裁缝"了。如果挂出"全世界最好的裁缝"的招牌，无疑会让别人嘲笑，也会遭到同行的讥讽。到底该怎么办？就在这时，他灵机一动，挥笔在招牌上写了几个字，挂了出去。

第二天，顾客纷纷涌向第三个裁缝的店铺里，这是什么原因？原来，他在店铺的招牌上写的是"这条街最好的裁缝"。

普通人的思维都是线性思维，从一个角度出发，得出单向的结论，而例中第三个裁缝却反其道而行之，别人都从"大"处人手，第三个裁缝却从"小"处做文章，从而在竞争中处于优胜地位。第三个裁缝所运用的思维方式就是逆向思维。

逆向思维要求人们看问题不只是从一个角度、一个方向出发，而要从不同的角度，探讨事物存在和发展的多种可能性。运用逆向思维，有利于改变人们直线式的认知模式，能迅速激发人们的思维热情，从而大大提高思维能力。在生活中，男孩子如果学会运用逆向思维，就能渐渐改变自己的行为方式和做事模式，从而在这个过程中达到提高自己的目的。

哈佛精英历练要点

在生活中，当我们的思路受阻，无法解决问题的时候，就应该学会运用逆向思维，说不定就会轻易地将眼前的问题化解。那么，男孩子们如何培养自己的逆向思维呢？

1. 反转型逆向思维法。这种方法是指从已知事物的相反方向进行思考，产生发明构思的途径。"事物的相反方向"常常从事物的功能、结构、因果关系等三个方面作反向思维。比如，市场上出售的无烟煎鱼锅就是把原有煎鱼锅的热源由锅的下面安装到锅的上面。这是利用逆向思维，对结构进行反转型思考的产物。

2. 转换型逆向思维法。这是指在研究一问题时，由于解决问题的手段受阻，而转换成另一种手段，或转换角度思考，以使问题顺利解决的思维方法。如上面那个被传为佳话的司马光砸缸救落水儿童的故事，实质上就是一个用转换型逆向思维法的例子。由于司马光不能通过爬进缸中救人的手段解决问题，因而他就转换为另一种手段，破缸救人，进而顺利地解决了问题。

3. 缺点逆用思维法。这是一种利用事物的缺点，将缺点变为可利用的东西，化被动为主动，化不利为有利的思维发明方法。这种方法并不以克服事物的缺点为目的，相反，它是将缺点化弊为利，找到解决方法。例如金属腐蚀是一种坏事，但人们利用金属腐蚀原理进行金属粉末的生产，或进行电镀等其他用途，无疑是缺点逆用思维法的一种应用。

冲破思维的枷锁

真正有创造力的人能够摆脱一切自我约束。

在现实生活中，当人们遇到瓶颈问题而一筹莫展时，如果能换个角度考虑问题，情况就会有所改观，问题也就会迎刃而解。

有些经历失败的人，每遇挫折时总是武断地认为自己的能力有限，而不去积极开启就在眼前的另一扇窗子，看不到可能的机会其实就在眼前，结果错失良机。因而，走向失败的人，其实是因为丧失了一个又一个的机会，所以才让人生道路艰难而凄苦。倘若能够换个立场考虑问题，情况就会改观。记住，只要能转换视角，就会有创意产生。因此，当我们遇到一个问题无法解决时，就要换一个角度看问题，转入另外一条发展道路上，这样成功的可能性就会更大。

能够把人限制住的，只有人自己。人的思维空间是无限的，像曲别针一样，至少有亿万种可能的变化所谓思维定式效应，是指人们局限于既有的信息或认识的现象。

美国科普作家阿西莫夫曾经讲过一个关于自己的故事。

阿西莫夫从小就聪明，年轻时多次参加"智商测试"，得分总在160左右，属于"天赋极高者"之列，他一直为此而洋洋得意。有一次，他遇到一位汽车修理工，是他的老熟人。修理工对阿西莫夫说："嗨，博士！我来考考你的智力，出一道思考题，看你能不能回答正确。"

阿西莫夫点头同意。修理工便开始说思考题："有一位既聋又哑的人，想买几根钉子，来到五金商店，对售货员做了这样一个手势：左手两个指头立在柜台上，右手握拳头做出敲击的样子。售货员见状，先给他拿来一把锤子；聋哑人摇摇头，指了指立着的那两根指头。于是售货员就明白了，聋哑人想买的是钉子。聋哑人买好钉子，刚走出商店，接着进来一位盲人。这位盲人想买一把剪刀，请问：盲人将会怎样做？"

阿西莫夫顺口答道："盲人肯定会这样。"说着，伸出食指和中指，做出剪刀的形状。

汽车修理工一听笑了："哈哈，你答错了吧！盲人想买剪刀，只需要开口说'我买剪刀'就行了，他干吗要做手势呀？"

智商160的阿西莫夫，这时不得不承认自己确实是个"笨蛋"。而那位汽车修理工人却得理不饶人，用教训的口吻说："在考你之前，我就料定你肯定要答错，因为，你所受的教育太多了，不可能很聪明。"

实际上，修理工所说的受教育多与不可能聪明之间的关系，并不是因为学的知识多了人反而变笨了，而是因为人的知识和经验多，会在头脑中形成较多的思维定式。这种思维定式会束缚人的思维，使思维按照固有的路径展开。

我们看问题的时候往往只善于从习惯的角度出发，而不善于转换位置，因为我们脑子里充满了定向思维。就像在脑筋急转弯里问"1＋1在什么情况下不等于2"，很多人都会说"1＋1在什么情况下都得等于2"。正确答案是"在算错的情况下1＋1不等于2"。这个简单的急转弯问题，揭示了非常深刻的道理。如果按照一般的角度看问题，1＋1铁定等于2；但如果跳出了这个思维定式，答案就会出现另一种情形。

当一个人的思想受到束缚时，往往不能十分清楚地找寻到一切问题的根源——逻辑。要想找到逻辑，就要跳出习惯上的桎梏，避开思路上的习惯，换一个角度来思考问题。当你思考问题时，不妨也可以"避开大路，潜入小径"。也就是说，躲开那些热门的问题，而把眼光转向那些不被人们重视的角落。一条发展道路被封死了，不必绝望。如果能够在新的发展道路上全力以赴，那么，取得巨大的成功，也并非异想天开。

人们在一定的环境中工作和生活，久而久之就会形成一种固定的思维模式，使人们习惯于从固定的角度来观察、思考事物，以固定的方式来接受事物。

有这样一个问题：一位公安局长在路边同一位老人谈话，这时跑过来一位小孩，急促地对公安局长说："你爸爸和我爸爸吵起来了。"老人问："这孩子是你什么人？"公安局长说："是我儿子。"请你回答：这两个吵架的人和公安局长是什么关系？

这一问题，在100名被试中只有两人答对！后来对一个三口之家问这个问题，父母没答对，孩子却很快答了出来："局长是个女的，吵架的一个是局长的丈夫，即孩子的爸爸；另一个是局长的爸爸，即孩子的外公。"

为什么那么多成年人对如此简单的问题解答反而不如孩子呢？这就是定式效应：按照成人的经验，公安局长应该是男的，从男局长这个心理定式去推想，自然找不到答案；而小孩子没有这方面的经验，也就没有心理定式的限制，因而一下子就找到了正确答案。

能够把人限制住的，只有人自己。人的思维空间是无限的，像曲别针一样，至少有亿万种可能的变化。也许我们正被困在一个看似走投无路的境地，也许我们正囿于一种两难选择之间，这时一定要明白，这种境遇只是因为我们固执的定式思维所致，只要勇于重新考虑，一定能够找到不止一条跳出困境的出路。

哈佛精英历练要点

很多男孩子在生活中没有新思想、新观点，就是因为他们被自己的思维困住了。如果想改变这一点，就必须突破思维的枷锁。那么，具体该怎么做呢？

1. 试着打破"惯性思维"。正因为"惯性思维"成为一道难以逾越的思维屏障，所以我们的思维往往被定格在一个地方。其实，我们对世界的认识是一个渐进的、不断深入、不断修正的过程，我们只有打破"惯性思维"才能有新的思路。

2. 学会集思广益。在一个组织起来的团体中，借助思维大家彼此交流，集中众多人的集体智慧，广泛吸收有益意见，从而达到思维能力的提高。因为，当一些富有个性的人聚集在一起，由于各人的起点、观察问题角度不同，研究方式、分析问题的水平不同，产生种种不同观点和解决问题的办法。通过比较、对照、切磋，这之间就会有意无意地学习到对方思考问题的方法，从而使自己的思维能力得到潜移默化的改进。

3. 把抽象的感知具体化。把所有感知到的对象依据一定的标准"聚合"起来，显示出它们的共性和本质，这能增强学生的创造性思维活动。这个训练方法首先要对感知材料形成总体轮廓认识，从感觉上发现十分突出的特点；其次要从感觉到共性问题中肢解分析，形成若干分析群，进而抽象出本质特征；再次，要对抽象出来的事物本质进行概括性描述，最后形成具有指导意义的理性成果。

学会换个角度去思考

在自己的思路之外，还存在另一种思路。

我们每个人都知道"横看成岭侧成峰，远近高低各不同"的诗句。可由于长期以来的思维方式使我们形成一个固定的思维模式。这种思维模式制约着我们看待事物的角度。尤其是人们处在一种特定的情境中，思维受到一定牵制时，这种固定的思维方式就占据了人的大脑，控制了人的行为。自然是只能站在自己的角度，以自己的方式来看待事物。自然就很难做到换个角度看问题。

19世纪，英国将澳大利亚变成殖民地。由于地广人稀，尚未开发，政府鼓励国民移民到澳大利亚。但当时澳大利亚非常落后，没有人愿意去。英国政府想出一个办法，把罪犯送到澳大利亚去。这样一方面解决了英国本土监狱人满为患的问题，另一方面也解决了澳大利亚的劳动力问题，还有就是他们以为把坏家伙们都送走了，英国就会变得更美好了。

英国政府雇佣私人船只运送犯人，按照装船的人数付费，多运多赚钱。政府很快发现这样做有很大的弊端，就是罪犯的死亡率非常之高，平均超过了10％，最严重的一艘船的死亡率达到了惊人的30％。政府官员绞尽脑汁想降低罪犯运输过程中的死亡率，包括派官员上船监督，限制装船数量等等。却都实施不下去。

最后，他们终于找到了一劳永逸的办法，就是将付款方式变换了一下：由根据上船的人数付费改为根据下船的人数付费。船东只有将人活着送达澳大利亚，才能赚到运送费用。

新政策一出炉，罪犯死亡率立竿见影地降到了1％左右。后来，船东为了提高生存率还在船上配备了医生。

在面对问题时，不能只从问题的直观角度去思考，要不断发挥自己智慧的潜力，从多个方面寻找解决问题的办法，就会使问题出现新的转折。

调整自己的思想，实际上就是换一种思路。生活中的许多事情，当我们用旧的方法、旧的习惯行不通时，就要考虑换一种方法，换一种思路，说不定这一换，就换出了一条全新的阳光大道。女作家刘燕敏有一篇饶有情趣的题为《换票》的短文，其主要内容是这样的：

两个乡下人外出打工，一个去上海，一个去北京，可在等车时，各自都改变了主意。因为邻座的人议论说："上海人精明，连问路都要收费；北京人质朴，见到吃不上饭的人，不但给馒头，而且还给衣服。"原打算去上海的人想，还是去北京好，挣不到钱，也不会饿着，幸亏还没有上车；原打算去北京的人则想，还是去上海好，给人带路都能挣钱，还有什么不挣钱的？幸亏还在车站。于是他们在退票处相遇了，互相换了车票，原准备去上海的去了北京，原准备去北京的去了上海。

去北京的发现，北京果然好，他初到北京一个月，什么事也没干，竟没饿着，不仅银行大厅里的纯净水可以白喝，而且大商场里欢迎品尝的点心也可以白吃。去上海的人发现，上海果然是可以发财的地方，干什么都可以赚钱，经营厕所可以赚钱，弄盆凉水让人洗脸也可以赚钱。凭着乡下人对泥土的深厚感情和独特认识，他在建筑工地上弄了十包含有沙子和树叶的土，以"花盆土"的名义，向不见泥土却爱养花的上海人兜售，当天就赚了五六十元。两年后，他凭出售"花盆土"竟在上海有了一间小小的门面。后来，他又发现，一些商店楼面亮丽而招牌发黑，一打听才发现，清洗公司原来只负责清洗楼面而不负责清洗招牌。他立即抓住这一空当，买了人字梯、水桶和抹布，办起了小型清洗公司，专门负责清洗招牌。如今他的公司已经有一百五十多名员工，业务也由上海发展到杭州和南京等地。前不久，他去北京考察清洗市场，在火车站，他发现一个捡垃圾的向他要空啤酒瓶。就在递瓶子时，他俩都愣住了，因为五年前他们换过一次车票。

同样是听别人关于上海人精明的议论，一个从平常人的眼光去看问题，觉得不能去；一个却能从另一角度来看，并没有因上海人精明而害怕，反而认为这正是个赚钱的好地方。不同的视角、不同的思路，就有了截然不同的结果：一个在北京捡垃圾，一个却成了清洗公司的小老板。

一个人的思想认识要随着社会生活的发展变化，不断地调整认识，转变思想，从错误中找正确，就能使人遇事时扭转局面。调整思想认识就是转变思路，改变习惯，换一种思路海阔天空。做任何事，当我们感到困惑或尴尬时，当我们无能为力时，不能总是按老规矩、老习惯、老脑筋去办。社会发展变化了，我们就要多考虑考虑，能不能从另一个方面入手，能不能换一种思路，能不能从另一个角度思考，能不能改变一下固有的做法。只要你这样去思考，不断调整自己的思想，不要把自己固定在一种模式里，你就可能找到出路，就可能取得成功。

哈佛精英历练要点

在生活中，我们遇到问题解决不了的时候，千万别一条道走到黑，而是要学会换个角度去思考问题，说不定，就能顺利把问题解决。那么，男孩子具体该怎么做呢？

1. 要学会接纳别人的观点。男孩子要有容纳百川的胸怀，要能容得下不同的观点，更要容得下和自己相反的说法。只有这样，你才能有深厚的底蕴和丰富的积累，为你换个角度看问题奠定基础。

2. 要有眼界。一个人眼界决定了他的思维方式，一个人的思维方式决定着他的视觉。人们常常以世俗的眼光，墨守成规地去判断事物的价值。而只有眼界高的人，才能看到事物的本来面目，才能从不同角度思考问题看待事物。

3. 要有平和的心态。在生活中我们每天都会遇到许多事，但只要以一颗平常的心去对待它时，你的思路就不会被堵塞，你的眼睛就不会被蒙蔽，你的心灵就不会被情感欺骗，在理智中，什么问题都会迎刃而解的。

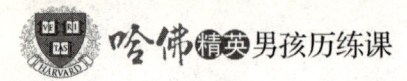

4. 要在平常的生活中有意识地去训练。任何一个人的某种能力都是经过反复的训练才增长起来的。同样换个角度看问题也是一样的。

灵活一点，学会变通

认为整个世界都错的人，极可能错在自己。

人们往往有一种求稳的心态，这在某些时候可以表现为执着和踏实。然而，前提是必须做正确的事情，做合乎自身和外界发展规律的事情。而更多的时候，人们受自己主观狭隘意识的影响，或约定俗成的传统观念的禁锢，看不到自己做的事情已经偏离正轨，于是很容易在人生的道路上钻进"死胡同"而终生不能脱身。

因循守旧，只能固步自封；灵活应变，才能路路畅通。想想朱庇特神庙前，多少人穷其才智，也解不开牛车上的一副绳结，而亚历山大凌空一剑，轻而易举就解决了这个千古难题。正所谓：有变才有通。人生的道路上，难免要遭遇各种路障，我们必须机变为用，只有善于变通才能赢。

在外界条件相差无几的时候，大多数能够取得成功的人都是善于变通之人。因为对于善于变通的人来说，生活中从来都不会出现克服不了的困难。很多时候，在一些人看来也许事态是无法改变的，命运是自己难以掌握的，只有听天由命，认为这是宿命的绝对，结果自然只有失败；然而，对于那些善于变通之人来说，他们想得更多的是怎样去改变现状，自然而然地，他们终将迎来自己唯一的归宿，那就是成功。

头脑灵活之人，从来不会走到绝路上去。俗话说："变则通，通则活。"孙子曾说过，"君子慎独"。真正的君子，在没有他人监督的情况下，严格地约束自己，不会做出违反法律及伦常的事来。对于变通者，更要有君子的智慧，只有变通才会有好结果。

张晨是一位精明强干的年轻人，他在一家外资企业里做事。同办公室有位同事，年龄、学历等各种条件都与张晨相仿，只是这位同事在办公室里只用"约翰"这个英文称谓，张晨对此不以为然。

两个条件相近的年轻人在同一处工作，自然会有竞争。时间长了，张晨发现自己的能力和干劲绝对不比约翰差，可是外国老板却对约翰更赏识。常常是他们两人同在办公室办公时，老板打电话把约翰叫去商量事情。而且有一次晋升的机会，老板也给了约翰。张晨感到苦恼，但又不知是什么原因。

不久张晨被派去做一件有难度的工作，他充分发挥才干，事情办得利落漂亮。外国老板非常高兴，夸赞他说："你比约翰要强。"接着又问他："你能否起个英文名字呢？你的中文名字我叫起来实在太费力了。"至此，张晨才明白，原来自己先前与约翰待遇的差别，是由名字引起的。

张晨后来也起了一个顺口的英文名字。他现在想通了，人要在一定程度上放弃固执，来顺应大的环境，与时俯仰。特别是当你向着某个既定目标努力时，如处处执拗，那样的话只能被环境所淘汰。

变通讲究灵活，它不从一个角度看问题，而是时常变换几个角度，从而找到合理的解决办法。

做事要学会灵活变通。在实际工作中，任何事物的发展都不是一条直线。智慧之人能看到直中之曲和曲中之直，并能不失时机地把握事物迂回发展的规律，通过迂回应变，达到既定的目标。反之，一个不善于变通的人，"一根筋"只会四处碰壁，被撞得头破血流。

美国的知名政治家斯特拉曾说："对自己而言，最重要的不是别人如何看待你，而是你如何看待他们。"

一位老者悠闲地散着步，忽然听见远处传来一阵打骂声。他好奇地走过去，看见一位母亲正在大发雷霆地打骂自己的孩子，孩子吓得哭成了一团。老者急忙上前去阻止说："这位太太，有话好好说别打孩子呀！"

母亲气呼呼地说："这孩子太顽皮了，让他写完作业再出去玩，他偏不听非偷跑出去玩。让他回去写作业，他还一脸的不服气，真是气死我了。"

老者听完笑笑说："这位太太你没听过朝三暮四的故事吗？"

母亲摇摇头有些不好意思地说："我没念过几年书，就因为这样一辈子吃苦受累，所以我希望我的孩子能有出息。"

老者感叹地道："有谁不希望自己的儿女，成龙成凤哪？可是小孩子是需要教的，你听我给你讲：

战国时代，宋国有一个养猴子的老人，他在家中的院子里养了许多猴子。日子一久，这个老人和猴子竟然能沟通讲话了。

这个老人每天早晚都分别给每只猴子四颗栗子。几年之后，老人的经济越来越不充裕了，而猴子的数目却越来越多，所以他就想把每天的栗子由八颗改为七颗，于是他就和猴子们商量说："从今天开始，我每天早上给你们三颗栗子，晚上还是照常给你们四颗栗子，不知道你们同不同意？"

猴子们听了，都认为早上怎么少了一个？于是一个个就开始吱吱大叫，而且还到处跳来跳去，好像非常不愿意似的。

老人一看到这个情形，连忙改口说："那么我早上给你们四颗，晚上再给你们三颗，这样该可以了吧？"

猴子们听了，以为早上的栗子已经由三个变成四个，跟以前一样，就高兴地在地上翻滚起来。这就是朝三暮四的故事。"

母亲认真的听完若有所思的想了半天，于是她对孩子说："你在这里玩吧，妈妈回去做饭，记得玩一个小时后马上回去写作业。"

孩子欢呼了一声，高兴的跑开了。

母亲笑着问老者说："应该是这样吧？"

老者冲着母亲竖起了大拇指说："这样就对了，大家也就习惯把"朝三暮四"理解为没有原则，反复无常了。可是我觉得，他还是有一层意思是，对待一样的事情需要变通，就像孩子在学校学习了一天，晚上回来应该顺着他的意让他出去玩一会，缓解一下学习的压力，这样我想孩子回去后完成作业也会又好又快的，反之你让他先写作业他就非常反感，不但不想写还对学习产生了厌烦之心。"

母亲听完认真的地点点头。

这个故事告诉我们：凡事要懂得变通，我们要学会运用好的方法，才能让事情起到好的效果。在生活中，当我们遇到为难的事情时，不能总是一味地固执己见，或无法应对时就束手无策、坐以待毙。只要灵活变通，脑子转快些、灵活点，别"一条道跑到黑"，就可以很好地解决问题。

变通是生活中不可缺少的智慧。有时候我们需要执著，但执著不是固执。做人不能太固执，要灵活变通。善于灵活变通者，对手也能变为朋友，这就等于为自己的未来添了一条路。因此，男孩子要学会变通自己的思路和态度，不要总是"一根筋"扯不断。

哈佛精英历练要点

随机应变，灵活变通是一种智慧，这种智慧让人受益。我们要记住的是：任何事情，要是都能用积极的心态、多换几个角度思考，肯定都会有通融的办法的。"红灯亮了绕道走"——学会多角度灵活地看待、处理问题，生活会因此而大放光彩的！那么，男孩子该怎么做呢？

1. 改变自己的思维定势。人的思维方式，常常出现两大定势：一是直线型，不会拐弯抹角，不会逆向思维和发散思维；二是复制型思维，常以过去的经验作为参照，不容易接受新鲜事物。西方有一句谚语"上帝向你关上一道门，就会在别处给你打开一扇窗。"只要我们不拒绝变化，并且善于变化自己的思维习惯，善于改变自己的观念，我们就能走出困境，进入新的天地。

2. 先停下，然后再重新开始。我们时常钻进牛角尖而不能自拔，因而看不到新的解决方法。成功办事的秘诀是随时检查自己的选择是否有偏差，合理地调整目标，放弃无谓的固执，轻松地走向成功。

开拓思维，发挥想象力

要展开最富挑战性的想象力。

想象力是知识的一种创造。黑格尔说过："想象是艺术创造中最杰出的本领。"相对于想象力来说，知识是平面的、静态的；相对于知识来说，想象力则是创造，是知识生命的血脉，从古到今，人类的想象力创造了许多知识产品，将来还会创造更多，正是这种创造推动了人类社会不断向前发展。

一天，老师在课堂上向学生提问："同学们，弯弯的月亮像什么？"同学们几乎异口同声地回答："像——小——船儿！"

赵老师听了同学们的回答后，高兴地说："很好，同学们回答很正确。"这时，坐在前排的陈雷举起手说："老师，我看弯弯的月亮像豆角。"

老师听完陈雷的话，一脸不高兴地说："你的回答是错误的。全班同学都说像小船儿，你为什么偏偏要说像豆角呢？难道你特殊吗？"班上的同学一阵哄笑，陈雷的眼里贮满了眼泪。

从此，陈雷不喜欢这位老师了。几年过去了，陈雷读完师范回到母校，走上讲台的第一课就问同学们说："同学们，在讲课之前，我首先提一个问题，你们说，弯弯的月亮像什么？"

静默一会儿后，同学们几乎异口同声地回答："像——小——船儿！"陈雷老师没有说同学们的回答正确与否，沉默片刻后问："同学们，有没有与这个答案不一样的？"

一个叫田菲的学生举起手，说："我觉得弯弯的月亮像豆角。"

陈雷老师听后很高兴地说："田菲同学的回答正确。当然，其他同学的回答也正确。我只是启发同学们在回答每一个问题的时候，应该大胆发挥你们的想象力，多想出几个答案。比如弯弯的月亮除了像小船、豆角之外，还能不能像镰刀？像弓箭？"学生们报以一阵热烈的掌声。

又几年过去了，陈雷接到女作家田菲寄来的她自己创作的第一部小说《弯弯的月亮》。陈雷翻开书，扉页写道：赠给最优秀的陈雷老师，感谢你没有扼杀我儿童时期的想象力！

爱因斯坦说："想象力比知识更重要，因为知识是有限的，而想象力概括着世界上的一切，推动着进步，并且是知识进化的源泉。"想象力能使常被认为不可能的东西变为现实。拿破仑说过："想象支配人类。"想象力是人的伟大之处。

人的创造范围完全是由人对自己的想象和认识所决定的。创造力是让人去"胡思乱想"，想那些常人不敢想的，做常人认为怪异而不敢做的事情。开始时也许是空想，但如果你能全力以赴、持之以恒地为之奋斗，也许理想就会变成现实，这对个人的发展、甚至是世界的发展将产生很大的影响。

美国的莱特兄弟是人类历史上第一架动力飞机的设计师，他们为开创现代航空事业做出了不巧的贡献。他们的故事在全世界广为传颂。

哥哥威尔伯·莱特出生于1867年4月，4年后，弟弟奥维尔·莱特出世。年幼时，这对兄弟俩就已经显出对机械设计、维修的特殊能力。他们善于思考，富于幻想，每当他们闲暇时，兄弟俩要么讨论某一个机械的结构，要么就去看工匠们修理机器。他们手艺精巧，还经常做出好些有创新意义的小玩具，比如会自由转弯的雪橇等等。

一天，出差回来的父亲给莱特兄弟带来一件礼物。一个会飞的"蝴蝶"玩具。父亲轻轻地给玩具上了上弦，小东西便在空中飞舞起来。小兄弟俩高兴得不得了，但是他们觉得它飞得不够远，于是仿造玩具的样子又做了几个更大一些的。这些仿制品有的能够飞越树梢，有的飞了几十米远，但兄弟俩的一个尺寸很大的仿制品却遭到了失败。但这没有让他们难过，反而激起了兄弟俩制造飞机的念头。

1894 年，莱特兄弟在代顿市开了一家自行车铺。由于他们俩工作认真，手艺好，再加上价格公道，店铺的生意兴隆。富于创新精神的莱特兄弟当然不会满足于这些，他们不愿终生与这些自行车零件打交道，于是，他们决定开始去实现童年时的梦想。

莱特兄弟造飞机的想法得到了斯密森学会的赞赏。副会长写了一封热情洋溢的信件，并寄来了好多参考书籍。兄弟俩大受鼓舞，一有时间，他们就钻入书堆内如饥似渴地饱读着航空基本知识。很快，他们有了造飞机的能力。

1900 年 10 月，他们的第一架滑翔机试飞了，但是，试飞的结果不尽人意，飞机只能勉强升空而且很不稳定，问题出在哪儿呢？经过认真的分析才知道，原来他们所沿用的前人数据有理论上的错误。于是，他们制造了一个风洞，以便通过实验修正数据，设计飞机。这个风洞仅仅是一个 6 尺长，每边 12 寸宽的木箱，箱子的一端，鼓风机以一定的速度向里吹气。与现代的高速风洞相比，它真是简陋至极，然而就是这个小小的辅助工具却帮了兄弟俩大忙，他们通过它得出了许多新的结论。根据它，兄弟俩设计出的第三架滑翔机获得了成功，无论是在强风还是微风的情况下，它都可以安全而平稳地飞行。

滑翔机的留空时间毕竟有限，但假如给飞机加装动力并带上足够的燃料，那么它就可以自由地飞翔、起降。于是，兄弟俩又开始了动力飞机的研制。莱特兄弟废寝忘食地工作着，不久，他们便设计出一种性能优良的发动机和高效率的螺旋桨，然后成功地把各个部件组装成了世界上第一架动力飞机。

人没有想象是不行的，人类如果没有幻想过像鸟儿一样飞翔，就不可能登上月球；人类如果没有幻想过乌托邦就不会有追求社会进步的动力。其实对于整个世界而言，我们有多大的想象力，就会有多大的创造；对于一个人而言，其实也是如此。

现如今，绝大多数的人是埋头生活的，他们没有什么目的地游荡着，随波逐流。为什么呢？因为大多数人没有对未来的多样性想象，如果你有，那么你就会比别人更早地进入为一个目的而奋斗的阶段，别人还在山下徘徊的时候，你已经开始登山了。你怎么能不比别人登得更高呢？

想象力是创造力的基础。有了想法，才能创造出新的东西，走出和别人不一样的路。所以，男孩子应该从小就学会开拓自己的思维，发挥自己的想象力，并一直保持下去，总有一天，你的想象力会助你一臂之力。

哈佛精英历练要点

一个人想象力丰富，应该说是生活环境的影响和个人意识培养的结果。有人抱怨自己天生就不是有丰富想象力的人，其实每一个人天生都具有一定的想象力，但要使之丰富，就需随时注意培养。那么，男孩子该从哪几方面着手培养自己的想象力呢？

1. 要学会模仿。想象力的培养，模仿往往是第一步。正如我们先一笔一画地临摹一本钢笔字帖，天长日久就可以写出同样漂亮的钢笔字来。其实，模仿本身就是一种"再造想象"，你模仿得越像，越说明你的再造想象能力强。

2. 尽可能地博览群书。一个人所掌握的知识，有助于他的想象力的展开。随着现代科学的发展，社会各部门的分工越来越细致，社会各知识领域广泛紧密地联系和交流，为人类的想象力打开了前所未有的广阔天地。例如现代经济学家丁柏根，正是将高深的数学和物理学同经济学加以联系，才创立了计量经济学这门边缘学科。

3. 要勤于观察、善于观察。一个人的观察能力的强弱直接影响到他的想象力。我们想象某事物时，就是捕捉该事物和头脑中经历的事物发生联系的外部或内部的属性和特征，而观察是第一步，即首先认识某事物有什么样的特征和属性，第二步才是想象，即把事物之间的属性和特征加以比较和联系。

第四章

勇敢课

　　勇敢拼搏，才会成功，才能圆梦。只有启程才会到达理想中的目的地；只有拼搏才会获得辉煌的成功；只有播种才会有收获；只有追求才会品味堂堂正正的生活。所以，让我们鼓起勇气，一路前行吧！

输得起，才能赢

人生有输有赢，既然无法摆脱失败的际遇，我们就要时刻都有输得起的准备。

其实，在我们每个人的一生中，随时都会碰上湍流和险境，如果我们低下头来，看到的只会是险恶与绝望，在眩晕之中失去了生命的斗志，使自己坠入"地狱"。而我们若能抬头，看到的则是一片辽远的天空，那是一个充满了希望并让我们飞翔的天地，我们便有信心用双手去构筑出一个属于自己的天堂。

人生的胜利不在于一时的得失，而在于谁是最后的胜利者。没有走到生命的尽头，我们谁也无法说自己到底是成功了还是失败了。所以我们在生命的任何阶段都不能泄气，都要充满希望。

当然，更震撼人心的是米契尔的故事。如果在46岁的时候，你在一次很惨的机车意外事故中被烧得不成人形，4年后又在一次坠机事故后腰部以下全部瘫痪，你会怎么办？你能想象自己会变成百万富翁、受人爱戴的公共演说家、洋洋得意的新郎官及成功的企业家吗？你能想象自己会去泛舟、玩跳伞、在政坛角逐一席之地吗？这些米契尔全做到了，甚至有过之而无不及。在经历了两次可怕的意外事故后，他的脸因植皮而变成了一块"彩色板"，手指没有了，双腿特别细小，无法行动，只能瘫在轮椅上。

那次机车意外事故，把他身上65％以上的皮肤都烧坏了，面目可怖，手脚变成了无法分辨的肉球，为此他动了16次手术。手术后，他无法拿叉子，无法拨电话，也无法一个人上厕所，但以前曾是海军陆战队队员的米契尔从不认为他被打败了。面对镜子中难以辨认的自己，他想到某位哲人曾经说："相信你能你就能！""问题不是发生了什么，而是你如何面对它。"他说："我完全可以掌握我自己的人生之船，我可以选择把目前的状况看成是倒退或是一个起点。"

他很快从痛苦中解脱出来，几经努力、奋斗，变成了一个成功的百万富翁。米契尔为自己在科罗拉多州买了一幢维多利亚式的房子，另外还买了房地产、一架飞机及一家酒吧，后来他和两个朋友合资开了一家公司，专门生产以木材为燃料的炉子，这家公司后来变成佛蒙特州第二大的私人公司。

机车意外事故发生后4年，他不顾别人规劝，非要用肉球似的双手学习驾驶飞机不可。结果，他在助手的陪同下升上了天空后，飞机突然发生故障，摔了下来。当人们找到米契尔时，发现他的脊椎骨粉碎性骨折，他将面临终身瘫痪的现实。家人、朋友悲伤至极，他却说："我无法逃避现实，就必须乐观接受现实，这其中肯定隐藏着好的事情。我身体不能行动，但我的大脑是健全的，我还有可以帮助别人的一张嘴。"他用自己的智慧，用自己的幽默去讲述能鼓励病友战胜疾病的故事。他到哪里笑声就荡漾在哪里。

米契尔仍不屈不挠，日夜努力使自己能达到最高限度的独立。他被选为科罗拉多州孤峰顶镇的镇长，以保护小镇的美景及环境，使之不因矿产的开采而遭受破坏。米契尔后来也曾竞选国会议员，他用一句"不只是有一张小白脸"的口号，将自己难看的脸转化成一项有利的资产。

一天，一位护士学院毕业的金发女郎来护理他，他一眼就断定这就是他的梦中情人，他将他的想法告诉了家人和朋友，大家都劝他：这是不可能的，万一人家拒绝你多难堪呀！他说："不，你们错了，万一成功了呢？万一她答应了呢？"

米契尔决定去抓住哪怕只有万分之一的可能，他勇敢地向那位金发女郎约会、求爱。两年之后，那位金发女郎嫁给了他。米契尔经过不懈的努力，成为美国人心目中的英雄，也成为美国坐在轮椅上的国会议员，拿到了公共行政硕士学位，并持续他的飞行活动、环保运动及公共演说。

米契尔说："我瘫痪之前可以做 10000 种事，现在我只能做 9000 种，我可以把注意力放在我无法再做的 1000 件事上，或是把目光放在我还能做到的 9000 件事上，告诉大家我的人生曾遭受过两次重大的挫折，如果我能选择不把挫折拿来当成放弃努力的借口，那么，或许你们可以从一个新的角度，来看待一些一直让你们裹足不前的经历。你可以退一步，想开一点，然后你就有机会说：'或许那也没什么大不了的'。"

在人生长河中，我们要经历无数次这样和那样的事情，其中有成功、有失败、有喜悦、有悲哀、有获得、有失去、有欢笑、有泪水，无论是平坦还是坎坷，无论是顺利还是曲折，不在于事情本身的好坏，不在于世人的评说与否，关键在于自己对待失败和成功的态度，在失败面前不放弃，在成功面前不骄傲的人，才能让自己的成功持续下去。

很多人一旦遇到自己难以做到的事情就会失去信心，选择放弃。这些人却忽略了一点：即使遭遇一百次失败，第一百○一次也有可能会成功。

在一场火灾中，一个小男孩儿被烧成重伤。医院全力以赴挽救了他的生命，但他的下半身却毫无行动能力，没有任何知觉。医生悄悄地告诉他的妈妈、孩子以后只能靠轮椅度日了。

出院以后，妈妈每天都推着他在院子里转一转。

有一天，天气十分晴朗，妈妈推着他到院子里呼吸着新鲜空气，后来妈妈有事暂时离开了。天空是如此的美丽，蓝得好似水洗过一般。风儿轻柔地吹着，草地上盛开着各色的小花。男孩儿的心如同从沉睡中醒来，一股强烈的冲动由他的心底涌起：我一定要站起来！他奋力推开轮椅，然后拖着无力的双腿，用双肘在草地上匍匐前进。一步一步地，他终于爬到了篱笆墙边；接着，他用尽全身力气，努力抓住篱笆墙站了起来，并且试着扶着篱笆墙行走。没走几步，汗水从额头淌下。他停下来喘口气，咬紧牙关，又拖着双腿再走，一直走到篱笆墙的尽头。

每一天，他都要抓紧篱笆墙练习走路。可一天天过去了，他的双腿始终无力地垂着，没有任何知觉。他不甘心困于轮椅的生活，紧握拳头告诉自己，未来的日子里，一定要靠自己的双腿来行走。终于，在一个清晨，当他再次拖着无力的双腿紧握着篱笆墙行走时，一阵钻心的疼痛从下身传了过来。那一刻，他惊呆了。自从烧伤之后，他的下半身再也没有任何知觉。他怀疑是自己的错觉，又试着走了几步。没错，那种钻心的疼痛又一次清晰地传了过来。他的心狂喜地跳动着。在他不懈的努力下，他的下肢开始恢复知觉了。

自此以后，他的身体恢复得很快。最后终于能够独立行走，并且可以跑步了。他的生活与一般的男孩子再无两样。他读大学的时候，还被选进了田径队。当他健步如飞时，没有人知道他曾经是一个被医生宣告要终身与轮椅为伴的孩子。

在这个世界上，没有永远的一帆风顺，总会有困难、有挫折，只要你不被它们打倒，坦然接受它们的存在，并且永不放弃站起来的希望，那么你最后一定能够成功；在成功面前志得意满的人，最终难免遭受失败的打击。只有那些经历过无数次失败，又在失败中勇敢站起来并获得成功的人，才是真正的成功者。

不管什么事，都不要害怕失败，更不要放弃，因为只有输得起的人，才会打起精神拼搏向前，才能凭着自己的努力扼住命运的喉咙，成为一位真正的赢家。

哈佛精英历练要点

有六个字说得好："不怕输，才会赢。"其实，就是这么一个道理。一个怕输的人，是没有勇气去拼搏、去战斗的。所以，成功自然而然也不会光顾他家的大门。所以，男孩子要输得起才行。那么，在面对失败的时候，男孩子该怎么做呢？

1. 树立一个正确的失败观念。世界上的一切事物都是相对的，挫折也一样，它能给人以打击、痛苦，它也能使人奋进、成熟。"自古雄才多磨难"，古今中外那些在政治上、科学上、文学艺术对人类做出了较大贡献的人，几乎无不经历过挫折和失败。

2. 要善于摆脱失败给自己带来的烦恼。遇到失败而产生了悲观失望的不良情绪，应该采取适当的方式，将不良情绪排发出去，千万不要把它压在心里。失败后有了烦恼，可以向亲友倾诉，或者让自己忙起来，将失败的事情忘却，或者在野外大喊几声，都是消除烦恼、调整不良情绪的好方法。

3. 要把失败当作"镇静剂"。失败既是一种"兴奋剂"，它可以激发人的进取心，促使人为改变境遇而奋斗，它能够磨炼人的性格和意志，增强人的创造能力和智慧。同时，挫折也是一种"镇静剂"，它可以使头脑发热的人冷静下来，这对于男孩子尤其重要。

勇敢迈出第一步

只要踏出第一步就好。

我们常说："凡事开头难。"的确，要开始做一件事并不是那么容易的。有的人，想好了一件事，已经开始做了，可做的过程中遇到了困难，于是又选择了放弃，可有的人呢，却连开始的勇气都没有。

很多时候，很多事情，不是我们做不好，而是我们不敢去做。其实，当我们鼓起勇气，战胜自己内心的恐惧，勇敢地迈出第一步时，我们就会发现，事情并没有像自己想象的那么艰难。只有抓住机会，勇于尝试，成功才会离我们越来越近。

下面先讲述两则故事吧：

有个人从不把他的马拴在大树上，只把它用细绳系在一根竹竿上就行了。许多人很难理解小小的竹竿怎能拴住力大无比的马呢？原来，在这匹马很小的时候，它就被拴在竹竿上了，小马虽然拼命挣扎，却无力逃脱，最后终于放弃了努力，并形成一种思维定式。这竹竿是无法挣脱的。渐渐地，马虽然长大了，却再也没有想过如何挣脱竹竿。其实，它只要跨出勇敢的第一步，稍一用力，就会迎来一个崭新的天地。

其实，拴住马的不是细细的绳子和竹竿，而是那种"我没法逃脱"的信念。这就是心理定式，它是思维的一种倾向，是长期形成的一种意识，如果能换一种思维，稍稍改变一下就能拥有广阔的空间。

古时候，有一位国王，他把几个儿子带到一扇巨大的石门前，对他们说："谁能推开这扇门，谁就继承王位。"王子们望着巨大的石门，都摇摇头放弃了，只有最小的王子走过去，用力一推，门开了！心理的"封条"压在人们心头，如同一座大山，其实它就是一张纸，轻轻一碰就破了，所需要的只是一点勇气和行动而已。当螃蟹在地上横冲直撞时，人人对它敬而远之，但有一个人跨出了第一步，慢慢靠近了这个"怪物"，伸手抓住了它，将它像其他动物一样烧熟，然后尝到了它的美味，然而将它作为美食推广至今。

世界上没有不可攀登的高山，即使是珠穆朗玛峰，也早有登山者插上了飘扬的旗帜；世界上没有不可横渡的大海，即使有，麦哲伦也早在几百年前就完成了航海旅程；世界上更没有不可穿越的大漠，曾几何时，商队已经在它身上留下了古老的足迹。

一个人要做一件事，常常缺乏开始做的勇气。但是，如果你鼓足勇气开始做了，就会发现做件事最大的障碍往往是来自自己的内心，更主要的是缺乏行动的勇气，有了勇气下决心开了头，似乎再往下做就会是顺理成章的事情了。

人生需要不断地尝试，没有什么东西能够把人难倒，只要你勇敢地跨出第一步，成功就会慢慢地向你靠近。不要被貌似强大的东西吓倒，真正让你倒下的是你埋藏在心底的信念和意志。重要的是你的勇气能跨出关键的第一步。

迈克尔·戴尔总喜欢这样说："如果你认为自己的主意很好，就去试一试。"29 岁的戴尔正是以此成为企业巨子的。他如今是美国第四大个人电脑生产商，也是《财富》杂志所列 500 家大公司的首脑中最年轻的一个。戴尔是在德克萨斯州的休斯敦市长大的，有一兄一弟，父亲亚历山大是一位畸齿矫正医生，母亲罗兰是证券经纪人。三个孩子当中，戴尔在少年时期就已显出勤奋好学、干劲十足的优势。有一次，一位女推销员上门，说要和迈克尔·戴尔先生面谈他申请中学同等学历证书的事情。于是，当时才 8 岁的戴尔就向她解释说，他认为尽早把中学文凭解决掉可能是个好主意。几年后，戴尔有了另一个好主意，在集邮杂志上刊登广告，出售邮票。后来，他用赚来的 2000 美元买了他的第一台个人电脑。他把电脑拆开，研究它怎样运作。

戴尔读高中时，找到了一份为报纸征集新订户的工作。他推测新婚的人最有可能成为订户，于是雇请朋友为他抄录新近结婚的人的姓名和地址。他将这些资料输入电脑，然后向每一对新婚夫妻发出一封有私人签名的信，允诺赠阅报纸两星期。这次他赚了 1.8 万美元，买了一辆德国宝马牌汽车。汽车推销员看到这个 17 岁的年轻人竟然用现金付账，惊愕得瞠目结舌。

第二年，迈克尔·戴尔进了奥斯丁市的德克萨斯大学。像大多数大一学生那样，他需要自己想办法赚零用钱。那时候，大学里人人都谈论个人电脑，凡是没有的人都想买一台，但由于售价太高，许多人买不起。一般人所想要的，是能满足他们的需要而又售价低廉的电脑，但市场上没有。戴尔心想"经销商的经营成本并不高，为什么要让他们赚那么多的利润？为什么不由制造商直接卖给用户呢？"戴尔知道，IBM 公司规定经销商每月必须提取一定数额的个人电脑，而多数经销商都无法把货全部卖掉。他也知道，如果存货积压太多，经销商会损失很大。于是，他按成本价购得经销商的存货，然后在宿舍里加装配件，改进性能。这些经过改良的电脑十分受欢迎。戴尔见到市场的需求巨大，于是在当地刊登广告，以零售价的八五折推出他那些改装过的电脑。不久，许多商业机构、医生诊所和律

师事务所都成了他的顾客。

有一次戴尔放假回家时，他的父母表示担心他的学习成绩。"如果你想创业，等你获得学位之后再说吧。"他父亲劝他说。戴尔当时答应了，可是一回到奥斯汀，他就觉得如果听父亲的话，就是在放弃一个一生难遇的机会。"我认为我绝不能错过这个机会。"一个月后，他又开始销售电脑，每月赚5万多美元。戴尔坦白地告诉父母："我决定退学，自己开办公司。""你的目标到底是什么？"父亲问道。"和IBM竞争。"和IBM争？他的父母大吃一惊，觉得他太好高骛远了。但无论他们怎样劝说，戴尔始终坚持己见。终于，他们达成了协议他可以在暑假时试办一家电脑公司，如果办得不成功，到9月他就要回学校去读书。

戴尔回到奥斯汀后，拿出全部储蓄创办戴尔电脑公司，当时他19岁。他租了一个只有一间房的办事处，雇用了第一位雇员——一名28岁的经理，负责处理财务和行政工作。在广告方面，他在一只空盒子底上画了戴尔电脑公司第一个广告的草图。朋友按草图重绘后拿到报馆去刊登。戴尔仍然专门直销经他改装的IBM个人电脑。第一个月营业额便达到18万美元，第二个月26.5万美元，不到一年，他便每月售出个人电脑1300台。积极推行直销、按客户的要求装配电脑、提供退货还钱以及对失灵电脑"保证翌日登门修理"的服务举措，为戴尔公司赢得了广阔的市场。戴尔电脑公司鼓励雇员提出新的主意。雇员提了一个主意之后，如果公司认为值得一试，那么，即使后来证明不可行，雇员也会获得奖赏。到了迈克尔·戴尔本应大学毕业的时候，他的公司每年营业额已达7000万美元。戴尔停止出售改装电脑，转为自行设计、生产和销售自己的电脑。

今天，戴尔电脑公司在全球多个国家设有附属公司，每年收入超过600亿美元，有雇员约5万名。戴尔个人的财产，估计在200亿美元以上。

万事开头难。要干成一件事情，人们总是觉得迈第一步困难重要，总是下不了决心。于是，便迟疑不决，犹豫不定，今日推明日，明日推后天，这样推来推去便延误了时间，也就推迟了成功之日的到来。

对于一个想干一点事情的人来说，这样迟迟不见行动是十分有害的，不仅不能实现自己确定的目标，而且会消磨意志，使自己逐渐丧失进取心。面对悬崖峭壁，一百年也看不出一条缝来。但用斧凿，能进一寸进一寸，能进一尺进一尺，不断积累，飞跃必来，突破随之。

所以，男孩子想做什么拿出勇气马上行动吧！一旦你选择了开始，你就会发现有些事情比你想象中要容易得多，只要勇敢走出第一步，就会有第二步、第三步，这样不断地走下去，你就会发现自己离梦想越来越近，而终有一天，你的梦就会成为现实。

哈佛精英历练要点

一件事情想要做成，不迈出第一步那是不可能的。所以，男孩子在生活中应该培养自己迈出第一步的勇气。那么，具体该怎么做呢？

1. 先学会"接触"。生活中，竞争也好，合作也好，都是与人在进行较量和索取。故此，有一点，与人进行的事，最重要的就是要进行"接触"。只有进行了接触，才可以了解某种东西，才可以知道它的"秉性"。优势和劣势，接触后才知。知之才能战胜，战胜才能把握，把握才能决定取舍。因此，真正去做某事之前，可以先接触一些有关这件事的东西，这样可以增加自己的勇气。

2. 告诉自己：我能行。不相信自己实力的人，根本没有勇气去迈出第一步，所以，男孩子一定要从心底里相信自己，不断鼓励自己，告诉自己。我能行！我可以做到的！只有这样，才能真正地迈出这第一步。

越挫越勇，才能成功

上帝偏爱越挫越勇的人，而命运则垂青能够经得起锻造的人。

人生都会遭遇挫折。但是，面对挫折的态度却各不相同，唉声叹气，悲观失望，自暴自弃是一种态度；积极向上，奋起直追，后来者居上又是一种态度。一个男孩子能够如此坦然面对人生的挫折，那么我相信他在今后的人生道路中肯定也会变得更加坚强，他也会在各种挫折和磨难中变得越挫越勇。

从前，有一位穷困潦倒的年轻人，即使身上全部的钱加起来，也不够买一套像样的西装。但是，他仍心无旁骛地坚守着自己心中的梦想，他想做演员，拍电影，当明星。

1885 次的拒绝，好莱坞共有 500 家电影公司，他逐一数过，并且不止一遍。后来，他又根据自己认真划定的路线，排列好名单顺序，带着自己写好的量身定做的剧本前去拜访。但第一遍下来，所有的 500 家电影公司没有一家愿意聘用他。

面对百分之百的拒绝，这位年轻人没有灰心。从最后一家被拒绝的电影公司出来之后，他又从第一家开始，继续他的第二轮拜访与自我推荐。因为随着时间的推移，人们已经淡忘了他。在第二轮的拜访中，拒绝他的仍是 500 家。

第三轮的拜访结果，仍与第二轮的相同。这位年轻人，有了 1500 次全部遭到拒绝的教训，他根据自己的生活体验重新撰写了剧本，然后咬牙开始他的第四轮拜访。

"你怎么又来了？"

"这次不一样，我带来了一个新剧本。"有人翻了翻，又立即还给了他。还有人不仅不看还连人带本，都给轰出去。

到1600次的时候，终于有人愿意出钱买他的剧本了。这时，他身上只剩40美元现金了，非常需要钱。可当听到电影公司不同意他做主演时，他坚决地拒绝了对方。

直到1886次的时候，一家电影公司的老板留下了剧本。几天后，年轻人获得通知，被请去详细商谈。就在这次商谈中，这家公司决定投资开拍这部电影，并请这位年轻人担任自己所写剧本中的男主角。这部电影名叫《洛奇》。这位年轻人的名字叫西尔维斯特·史泰龙。现在翻开电影史，这部叫《洛奇》的电影与这个日后红遍全世界的动作片巨星都榜上有名。

你有勇气迎接1885次拒绝吗？你经历过1885次拒绝吗？如果没有，就不要说好运为何不在自己身上降临？拥有一颗持之以恒的心，你的梦想才可能是"金子"。不然，便永远是空中楼阁。

现实远不如想象的那么好，生活真的很残酷。在遭到命运之神多次拒绝后，只有不断地跑下去，疯狂地跑下去，上帝才会亲吻你勤勉的心。拿破仑说过一句耐人寻味的话，"当财富和荣誉来到时，他们来得如此之快，如此之多，让人不禁怀疑。过去那些年来，他们都躲到哪里去了呢？"

不知道你是否听过桑德斯上校的故事？他是"肯德基炸鸡"连锁店的创办人，你知道他是如何建立起这么成功的事业的吗？

事实上桑德斯上校于65岁时才开始从事这个事业。那么又是什么原因使他终于拿出行动的？很简单，因为他身无分文且孑然一身，当他拿到生平第一张救济金支票时，金额只有105美元，内心实在是极度沮丧。他不怪这个社会，也没有写信去骂国会，仅是心平气和地自问："到底我对人们能做些什么呢？我有什么可以回馈的呢？"随之，他便思量起自己的所有，试图找出可为之处。

第一个浮上他心头的答案是："很好，我拥有一份人人都会喜欢的炸鸡秘方，不知道餐馆要不要？我这么做是否划算？"随即他又想道："我真是笨得可以，卖掉这份秘方所赚的钱还不够我付房租呢。如果餐馆生意因

117

此提升的话，那又该如何呢？如果上门的顾客增加，且指名要点用炸鸡，或许餐馆会让我从其中提成也说不定。"

好点子固然人人都会有，但桑德斯上校却跟大多数人不一样，他不但会想，且还知道怎样付诸行动。随之，他便开始挨家挨户地敲门，把想法告诉每家餐馆："我有一份上好的炸鸡秘方，如果你能采用，相信生意一定能够提升，而我希望能从增加的营业额里抽成。"

很多人都当面嘲笑他："得了吧，老家伙，若是有这么好的秘方，你干吗还穿着这么可笑的白色服装？"这些话是否让桑德斯上校打退堂鼓了呢？丝毫没有，因为他还拥有天字第一号的成功秘诀，我们称其为"能力法则"，即"不懈地拿出行动"。在你每做什么事时，必得从其中好好学习，找出下次能做好的更好方法。桑德斯上校确实奉行了这条法则，从不为前一家餐馆的拒绝而懊恼，反倒用心修正说辞，以更有效的方法去说服下一家餐馆。

后来，桑德斯上校的点子终于被别人所接受，你可知先前被拒绝了多少次吗？整整 1009 次，他才听到第一声"同意"。在过去两年时间里，他驾驶着自己那辆又旧又破的老爷车，足迹遍及美国每一个角落。困了就和衣睡在后座，醒来逢人便诉说他那些点子。他为人示范所炸的鸡肉，经常就是果腹的餐点，往往匆匆便解决了一顿。历经 1009 次的拒绝，整整两年的时间，有多少人还能够锲而不舍地继续下去呢？真是少之又少了，也无怪乎世上只有一位桑德斯上校。我们相信很难有几个人能受得了 20 次的拒绝，更别说 100 次或 1000 次的拒绝。然而这也就是成功者的可贵之处。

纵览古今，但凡能有一番成就者，在他们的漫漫人生路上并非鲜花满地，反之倒是荆棘更多一些。盖西伯被拘之后而演绎了《周易》；孔子受到困厄后而写了《春秋》；屈原被放逐之后，才作赋《离骚》；左丘在失明之后，才有了《国语》；孙子被剔除膝盖骨，才作出了《兵法》……

面对挫折，他们没有选择抱怨，更没有选择放弃，而是决心和之奋战到底，结果也是越挫越勇。世事变迁，往往就是：事业未成，先尝苦果；

壮志未酬，先遭失败。有时候既要想到"过五关斩六将"，也要有"败走麦城"的心理准备。失败中的不屈、坎坷中的刚毅、困难中的勇敢是每个男孩子面对挫折时应有的态度，只有真正做到宠辱不惊，成败坦然，才能真正将挫折转化为无形动力，化被动为主动，最终让自己品尝到胜利的果实。

哈佛精英历练要点

挫折感是普遍存在的社会心理现象。指个人从事有目的的活动时，由于遇到阻碍和干扰，其需要得不到满足时表现出的一种消极情绪状态。正确面对挫折，才能让自己更好地成长。那么，男孩子该怎么做呢？

1. 沉着冷静，不慌不怒。遇到挫折时应进行冷静分析，从客观、主观、目标、环境、条件等方面，找出受挫的原因，采取有效的补救措施。

2. 增强自信，提高勇气。经常保持自信和乐观的态度，要认识到正是挫折和教训才使我们变得聪明和成熟，正是失败本身才最终造就了成功。

3. 再接再厉，锲而不舍。当你遇到挫折时，要勇往直前。你的既定目标不变，努力的程度加倍。

4. 移花接木，灵活机动。倘若原来太高的目标一时无法实现，可用比较容易达到的目标来替代，这也是一种适应的方式。

勇敢承认不足，才能有所进步

勇敢的承认自己不知道的事情，才能学习并进步。

每一个人必须要学会面对自己的不足，必须要学会改善自己的不足，这才是一个人成长进步的正常规律。但生活中常常有一些人不但不敢面对自己的不足，反而会将自己的不足归咎于"别人和我过不去"。其实，别人根本没有必要和我们过不去，如果我们每个人都能向内自省，我们就不会有那样奇怪的认识，我们也就会进步得更快一些。记得鲁迅先生曾说过："我的确时时在'解剖'别人，然而更多的是无情地'解剖'自己"鲁迅先生这段话客观地反映了一个不争的事实：那就是智者在看到他人不足的同时，会不断地告诫自己克服自己同样的不足。"解剖"自己需要勇气，也是非常痛苦的事。但如果一个人能够正视自己的不足并且想办法改善自己的不足，那么他就是伟大的。

常言道，"金无足赤，人无完人"，人生在世，谁没有瑕疵呢？有了缺点和不足并不可怕，重要的是自己的态度，是自欺欺人地逃避掩盖、视而不见，还是勇于面对，加以改善？态度不同，人生的境界自然也大不一样。

下面我们再看一个积极地坦白不足而屡获成功的案例吧。

曾担任过参议员助理的贝特在申请参议院预算委员会主管一职时，在申请信中坦率地承认自己既没有经济学方面的学位，也没有预算事务方面的任何经验。但他解释说，预算委员会面临的最大挑战，并不是雇用一批经济学家和数字专家，而是需要一个能在参议院内部寻求和培养支持者的主管，他本人正好是恰当的人选。

结果，贝内特如愿以偿地得到了这份工作并表现出色。

几年之后，美国公用无线电台经过千挑万选，聘请贝内特出任总裁。面对记者提问时，贝内特承认自己在广播或新闻方面都没有什么背景，但电台早就已经拥有大量的专业人才，他本人则是一个精通预算管理，并能够在国会很好地发挥作用从而争取到足够财政资助的合适人选，所以他最适合做总裁。

这个例子中，贝内特敢于直面自己的缺点和不足，以真诚、坦然、谦虚的心态正视自己的优势和劣势，不仅赢得了职场胜利，也获取了大家的一致好评。可见，在日常生活中，我们就应该勇于承认自己的缺点和不足。

俗话说得好："人外有人，天外有天。"一个人是不可能时时处处胜过所有的人的。每个人都有属于自己的优点与优势，也都有自己的缺点与短处。正因如此，我们应该学会坦诚，只有这样，才不会不懂装懂、不强装强，不会装会。如果这样做，结果只能是害了自己，有时，还会让自己丢了面子。

有个北方人，到南方去做官，刚到南方，肯定有许多事情弄不明白，如果虚心请教别人，也许并不难懂。可这位先生不想去问别人，那样显得自己太无知，岂不是太没面子了。他宁肯不懂装懂，结果惹出许多笑话来。

有一次，地方上一个乡绅请他去做客，大家聊得很开心，这时，仆人送上一盘菱角。这位北方官没吃过菱角，又不好意思问，主人家又一再请他先尝，无奈，他只好拿起一个菱角，放到嘴里去嚼。主人看他连壳也没有剥就吃了，心里很诧异，问他："这菱角是要剥了皮才好吃的，你怎么整个丢到嘴里去嚼呢？"他明知自己弄错了，却一本正经地说："刚刚到南方来，有些水土不服，连壳都吃掉了，为的就是清热解火。"主人摇摇头，说："我们怎么没听说过呢？你们那儿这东西很多吗？"那人答道："多得很呐！山前山后到处都有的长呢。"主人不禁哑然失笑。

还有一次，他和一位朋友逛街，走到菜市场，他们看到一个人在卖姜。这人没见过姜是怎么生长的，就问道："一棵树上一年能结多少姜？"卖姜的人和周围的人都笑了，他们说："姜是地里长的，怎么能是树上结的呢？"他却硬是和别人争辩个没完："你们真是笨呀，姜是树上结的，我会不知道？我们邻居家就有一棵姜树，不信，我们问问去？"他虽然这样说，但心里也发虚，因为他知道他的邻居家根本没有姜树，他不过是为自己解围罢了。

他的朋友心里明白他是不懂硬要装懂，于是，便故意对大家说："他这么有学问的人会不知道姜是地里长的吗？他不过是考考你们，看你们能不能敢于坚持自己的见解。对的，就要敢于坚持，错的，也要敢于改正，

121

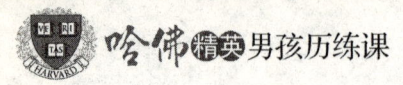

这样才能进步啊!"

那人听了朋友的话,顿时脸就红了。

一个人不可能处处胜于人,有得必有失,样样齐全了,你也许会遭到更大的、意料不到的天灾人祸。就像小病小灾缠绵一生的人,往往安享天年,而无病无痛、大红大紫的人常常遭祸忽至,猝不及防。命运往往是无常的,做什么都要留有余地。其实,从另一种角度来说,敢于不如人,也是某种程度上的自信。只有敢于不如人,才能胜于人。

人会有各种潜能与优越,但你不可能在所有地方都有机会发挥出来,你只能在一个地方用足你的力气,在你没有用力气的地方,在你无暇顾及的地方,你必然不如那些在这地方用足力气的人。你的精力有限,机遇也有限,因此,你能如人的地方肯定很少很少,而不如人的地方绝对很多很多。只有看明白这一点,你才能够拥有从容的心态,然后慢慢地、不断地提升自己,修炼自己,从而成长与进步。

哈佛精英历练要点

承认自己的缺点,敢于面对自己的缺点,是开始真正进步的第一步。如果一个人不承认自己有缺点和不足的存在,那么这个人永远都不会改变。所以,男孩子在生活中应该勇于承认自己的缺点和不足,那么具体该怎么做呢?

1. 不要总感觉自我良好。自我感觉非常良好的人,就会有点得意忘形。毫无理由地会觉得轻飘飘。人在这个状态下,是最容易忽视一些事情的!时刻保持头脑的清醒,才能分辨是非对错,所以,男孩子尤其要注意这点。

2. 不要总以自我为中心。以自我为中心的人总爱据理力争,找出一堆证据,观点,比喻来证明自己,驳倒别人。也许在阐述自己观点的时候,你是非常痛快的,看到对方无言以对,是极其满足的。但是,每件事都这样,就太有些以自我为中心了,即便错了,也不会承认的。所以,男孩子要注意这点，不要总是以自我为中心。

勇敢尝试，让生命大放异彩

失败固然痛苦，但更糟糕的是从未尝试。

鲁迅先生曾经说过："其实地上本没有路，走的人多了，也便成了路。"所以他十分赞赏"第一个吃螃蟹的人"，那些在人类前进道路上披荆斩棘的人。有人可能认为只有搞科学发明才需要大胆地尝试，其他方面用不着。这种看法不对。如果说任何一个领域都需要创新和开拓，那么就意味着任何一个领域都需要人们去大胆尝试。

人不光靠成就显示自身价值，尝试也能体现自身价值。经过尝试，我们会发现自己具有用之不竭的智力潜能，会发现生命中潜藏着许多连自己也无法想象的能力。如果不去尝试，这些能力永远也没有机会大放异彩。

有位心理学家曾经做过这样一个实验：

把一只跳蚤放在一个玻璃杯里面，跳蚤很轻易就能从玻璃杯中跳出来。再重复几遍，结果都一样，玻璃杯根本难不倒它。

经过测试，他发现跳蚤跳的高度竟达到了它身体的 400 倍左右，简直可以称得上是昆虫界的跳高冠军了。

接下来心理学家再次把这只跳蚤放进玻璃杯里，不过，这次在杯子上加了一个盖子。

"啪"的一声，跳蚤重重地撞在盖子上，掉了下来。跳蚤十分困惑，但是它没有停下来。

在一次又一次的碰壁之后，跳蚤开始变得聪明起来了，它开始根据盖子的高度来调整自己跳的高度。

又过了一些日子，心理学家发现这只跳蚤再也没有撞到过盖子，而只是在盖子下面自由地跳动。于是，心理学家把盖子轻轻拿掉了，可是跳蚤还是在原来的那个高度继续蹦跳。

三天以后，他发现这只跳蚤还在那个高度蹦跳。一周以后，这只可怜的跳蚤还是在那个高度不停地跳着，它已经无法跳出这个玻璃杯了。

难道跳蚤真的不能跳出这个杯子吗？绝对不是。只是它的心里面已经默认了这个杯子的高度是自己无法逾越的，所以便不敢再尝试。它输给了自己。

莎士比亚曾说："本来无望的事，大胆地尝试，往往能成功"。是啊，如果人们没有尝试，现在也许还在树上生活；如果人们没有尝试，现在还会成为当今世界的主宰吗？如果人们没有尝试，现在的生活也许还在黑暗中；如果人们没有尝试，也许在几千年前就已经灭绝；如果人们没有尝试……

尝试是发明创造的前提，是成功的前提。契诃夫曾说过："路是人的脚走成的，为了多辟几条路，必须多向没有人的地方走"。只有在别人没有探索过的领域，大胆的尝试，才会取得前所未有的巨大的成功。

无论我们是什么人、出身如何，只要我们的思想走在世界的前面，并且坚定这种思想的决心，再去勇敢尝试，那么，成功便离我们不远。有句话说得好："梦想有多大，舞台就有多大。"在漫长的人生旅途中，难免会遭遇困难，有些人因被眼前的困境局限，不敢设想未来的美好，最后只能碌碌无为地了却此生。殊不知，那些只是过眼云烟。只要我们大胆地去尝试，不可能也能变成可能。

菲勒出生在一个贫民窟里，但与众不同的是，他从小就有赚钱致富的天赋。他把一辆从街上捡来的玩具车修好，让同学们玩，然后向每人收取0.5美分。在一个星期之内他竟然赚回一辆崭新的玩具车。菲勒的老师深感惋惜地对他说："如果你出生在富人的家庭，你一定会成为一个出色的商人。但是，这对你来说已是不可能的，你能够成为街头商贩就不错了。"事实证明老师的预言是错误的。

有一次，菲勒在酒吧喝酒听到几位日本海员正与酒吧的服务生讲自己的倒霉事儿。原来，轮船在航行过程中遭遇风暴，船上的来自日本的丝绸被染料浸染了，数量足有 1 吨之多。如何处理这些被浸染的丝绸，成了日本人非常头疼的事情。他们想卖掉，却无人问津；想运出港口扔了，又怕被环境部门处罚。这时，菲勒敏锐地感觉到自己的机会来了。

第二天，菲勒来到轮船上说："我可以帮你们处理掉那些没用的丝绸。"结果，他没花任何代价便拥有了这些被浸染过的丝绸。然后，他用这些丝绸制成迷彩服装、迷彩领带和迷彩帽子。几乎一夜之间，他就拥有了 10 万美元的财富。

菲勒的故事就是告诉我们世上并无不可能，因为把不可能变成可能，只是早晚的问题，只是想与不想的问题，只是做与不做的问题。

如果你在开始做一件事之前就已经被打倒，并且已接受自己已失败的消极思想，认为你将永远爬不起来，你该怎么办呢？那么请立即改变你的态度，要从心里真正地改变。

你要开始向上看，开始向上思考，开始以一种奋发向上的态度采取行动，并且不断维持着向上的方向。不管这次攀爬的坡度有多大，要耗费多长时间，只要你保持积极的思考，并经常实行积极原则，那么这条道路将很宽阔，你将会到达你所渴望的最高点。有了这种精神，你心中的那个最高峰就不会再遥远。

哈佛精英历练要点

世界上的所有东西，都是经过尝试才有所发现、有所创造的。所以，尝试是成功路上不可缺少的。男孩子们应该在生活中培养自己敢于尝试的胆量。那么，具体该怎么做呢？

1. 激发自己的好奇心。一个人一旦有了好奇心，就会想要去亲自动手尝试一下。所以，当男孩子在做一件事摇摆不定的时候，那么就应该想办法激发自己对这件事情的好奇心，有了好奇心，尝试就变得容易多了。

2. 克服恐惧感。有很多人不敢做一件事情，是因为心理上的因素，而这种因素最多的就是恐惧感。恐惧会让人变得退缩。所以，想要去做一件事，那么就要让自己心里接受它、克服掉内心的恐惧，就会有勇气动手去尝试了。

做一个勇敢的"冒险家"

勇气只是多跨一步去超越恐惧，抱怨自己没机会的人，多半是没有勇气冒险。

一个人若想成就一番事业，或取得卓越的成功，就必须把自己从胆怯和懦弱的思想中解救出来，具备独立自主、敢于冒险的精神。

有人说："人生最大的价值就在于冒险，整个生命就是一场冒险，走得最远的人常是愿意去冒险的人。"事实上，冒险不止是一种勇气和魄力，其最重要的意义在于，不论最终的结果是成功还是失败，你从没停止奋斗和拼搏，这种精神是弥足珍贵的。

每年夏天，上百万头角马从干旱的塞伦盖蒂北上迁移到马赛拉的湿地，这群角马正是大迁移的一部分。在这艰辛的长途跋涉中，格鲁美地河是唯一的水源。这条河与迁移路线相交，对角马群来说既是生命的希望，又是死亡的象征。因为角马必须靠河水维持生命，但是河水还滋养着其他生命，例如灌木、大树和两岸的青草，而这灌木、大树和两岸的青草还是猛兽藏身的理想场所。冒着炎炎烈日，口渴的角马群终于来到了河边。在河流缓慢的地方，许多鳄鱼藏在水下，静等着角马的到来。

这天，角马们来到一处适于饮水的河边，它们似乎对这些可怕的危险了如指掌。领头的角马慢慢地走向河岸，每头角马都犹犹豫豫地走几步，又不约而同地又退回来，进进退退像"跳舞"一样。它们身后的角马群闻到了水的气息，一齐向前挤来。慢慢将"头马"们向水中挤去，不管它们是否情愿。如果角马群已经有长时间没有喝过水，你甚至能感觉到它们的绝望，然而"舞蹈"仍然继续着。

终于有一头小角马"脱群而出"，开始饮水。为什么它敢于走入水中，是因为年幼无知，还是因为渴得受不了？那些大角马仍然惊恐地止步不前，直到角马群将它们挤到水中，才有一些角马喝起来。不久，角马群将一头角马挤到了深水处，它恐慌起来，进而引发了角马群的一阵骚乱。然后它迅速从河中退出。回到迁移的路上。只有那些勇敢地站在最前面的角马才喝到了水。大部分角马或是由于害怕，或是无法挤出重围，只得继续忍受干渴。每天两次，角马群来到河边，一遍又一遍重复着这种"仪式"。还有一个镜头，我看到一小群角马站在悬崖上俯视着下面的河水，向上游走一百米不是平地，它从那里很容易到达河边。但是它们宁可站在悬崖上痛苦地叫着，却不肯向着目标前进。

这则故事是不是给我们这样的启迪：生活中的你是否也像角马一样？是什么让你藏在人群之中，忍受着对"成功之水"的渴望？是对未知的恐惧，害怕潜藏的危险？还是你安于平庸的生活，放弃了对美好的追求？大多数人只肯远远忍受着干渴的煎熬。不要让恐惧阻挡你的前进，不要等待着别人推动你前进。只有勇于冒险的你才能成功。

美国电视行业的先驱摩洛·路易斯的非凡成就就来自两次成功的冒险。一次在 20 岁，一次在 32 岁。

19 岁时，摩洛·路易斯随家人一起迁到纽约。很快，他就在一家广告公司谋到了一份差事，每周 14 美元的薪酬。那时摩洛·路易斯经常跑外勤，工作非常忙碌，成天疯狂地工作。6 点下班以后，他还要到哥伦比亚大学上夜校，主修广告学。有时候，由于没完成工作，下课后他还会从学校赶回办公室继续完成工作，从晚上 11 点一直工作到第二天凌晨两点是经常现象。

20 岁时，他毅然放弃了广告公司颇有发展前景的工作，决心自己独闯一片天空。他开始了人生中的第一次冒险。他投身于未知的世界，从事创意的开发。主要是说服各大百货公司，通过 CBS 电视公司成为纽约交响乐节目的共同赞助商，当时，电视尚未普及，刚处于起步阶段。所以人们很难接受它，摩洛·路易斯遇到了前所未有的困难，几乎所有人都认为他不会成功。

摩洛·路易斯却仍旧信心百倍地进行说服工作。后来，工作有了相应进展，一方面，他的创意很受欢迎，与很多家百货公司签成了合约；另一方面，他向 CBS 提出的策划案也被顺利接受。成功已近在咫尺了，但此事却由于合约存在的一些小问题而中途"流产"。

但这并没使他一蹶不振，就在这件事结束之后不久，一家公司聘请他担任纽约办事处销售业务部门的负责人，薪水也相当可观。于是，摩洛·路易斯在这里充分发挥自己的潜力，施展了自己的才华。

几年后，摩洛·路易斯又回到久别的广告业，担任承包华纳影片公司业务的普生智囊公司的副总经理，开始了他人生中的第二次冒险，投身电视界。而由他们公司所提供的多样化综艺节目也为 CBS 公司带来了空前的效益。摩洛·路易斯的这次冒险并不是孤注一掷的，而是看准后才下赌注的。最初两年，他仅是纯义务性地在"在街上干杯"的节目中帮忙，没想到竟使该节目大受欢迎。它的播映，是竞争激烈的电视界内的奇迹。

摩洛·路易斯的成功原因是敢为天下先，敢于冒险，这也是多数人走向成功的一个共同因素。人生本来就是冒险。你之所以不能成功，就是因为你害怕冒险。

当然了，冒险不是纯粹的"赌博"，而是需要技巧的。一个人如果能够掌握这种技巧，从风险的转化和准备上进行谋划，那么风险并不可怕。会冒险的人看似突然做出决定，行人之所不敢行，其实他们大都是做好了充分的准备，理智而从容。在决定一件事情之前，他们会先想到结果，如果失败了会怎样？最大的损失会是什么？如何应对这最坏的结局？

虽然说事业的成功常常属于那些敢于冒险，能够抓住时机的人，但孤注一掷往往会带来灭顶之灾，这一点是尤其需要注意的。总之，要有敢于冒险的进取精神，要勇于打破常规，才能更好地把握住成功的机会。

哈佛精英历练要点

风险和机遇是并存的。人们无论做什么事情，其实都是有风险的，只是风险的程度不同罢了。想要成就大事业的男孩子，未来一定要具有冒险的精神。那么，男孩子该怎样培养自己的冒险精神呢?

1. 树立自信心。自信心是一种自我肯定，自我信任，相信自己的力量能够实现一定目标的心理状态。拥有这种心理状态的男孩子，一定是一个敢作敢为的人，无论是面对困难、还是面对风险，都会毫不畏惧。自然，也就敢于冒险了。

2. 凡事敢第一个上。什么事情都敢第一个上的人，肯定是一个敢于表现自己的人，这样的人，胆子一定不小。所以，男孩子如果没有这样的气魄就要在生活中锻炼这样的气魄，这样慢慢地你的胆子就会变得越来越大了。

自立自强，学会靠自己

生命是一个人的旅行，你可以接受别人一时的帮助，但绝对得不到别人时时刻刻的帮助。

每个人都或多或少地需要借助外部的力量发展，这个就是所说的外因给一个生命创造的时机。可是，往往内部自身的改变和创造却要起确定的作用，这就是在客观事物发展的过程中，内因决定外因的一个哲学问题，也是一个显而易见的问题。也许就是因为道理太浅显，所以，做起来反倒是如此有难度。至少大多数人没有做到或者做得更好。

　　所谓的外因，那就是求人，而内因，就是求己。求人不如求己的道理，是一个人类成功永恒的"法宝"。独立地站立，那可以称为是自己独立生存的基点。生命中的过程也莫过如此。靠别人恩典自己，永远不会长久，没有了自己的生存理念，就没有办法让自己获得更好的发展。

　　某人在屋檐下躲雨，看见观世音菩萨撑着伞走过，这人说："菩萨，普度一下众生吧，带我一程如何？"观世音菩萨说："我在雨里，你在屋檐下，而檐下无雨，你无须我度啊。"这个人立刻跳出屋檐下，站在雨中："现在我也在雨中，该度我了吧？"观世音菩萨说："你在雨中，我也在雨中，我不被淋雨，是因为我有伞，你被雨淋是因为没有伞。所以不是我度自己，是伞度我。你要想得度，请找伞去！"说完就走了。

　　第二天，这人又遇到了难事，便去庙里求菩萨，走进庙里，才发现庙里的观音菩萨像前也有一个人在礼拜，那个人长得和观世音菩萨一模一样。这个人很惊讶："你真是观世音菩萨吗？"那个人说："我就是。"这个人又问："那你为什么还自己拜自己？"观音菩萨笑道："我也遇到了难事，但我知道，求人不如求己啊！"

　　在观世音菩萨的众多塑像里，有一种形象叫"数珠观音"，也有一个年轻人，问庙里的师傅说："师傅，你让我们平时念诵观世音菩萨的名号，那菩萨拿着念珠，念什么呀？"师傅说："念观世音菩萨啊。"年轻人问："菩萨怎么自己念自己啊？"师傅的回答同样是："菩萨也知道，求人不如求己。"

　　如果你依靠他人，你将永远坚强不起来，也不会有独创力。所以说，要想有所成就，你就应该首先抛开身边的"拐杖"。不要因为你不是个天生的领导者，就认为自己是个天生的依赖者。没有杰出的领导天赋并不是理由，因为你完全可以慢慢培养。

　　如果我们不对自己的能力进行考验，我们永远不会知道自己到底有多大的潜力。很多看似没有领导天赋的人最终证明了自己是伟大的领导者，尽管一开始他们很少显示出自立的能力。

　　1791 年，法拉第出生在伦敦市郊一个贫困铁匠的家里。他父亲收入菲薄，常生病，子女又多，所以法拉第小时候连饭都吃不饱，有时他一个星期只能吃到一个面包，当然更谈不上去上学了。

　　法拉第 12 岁的时候，就上街去卖报。一边卖报，一边从报上识字。到 13 岁的时候，法拉第进了一家印刷厂当图书装订学徒工，他一边装订书，一边学习。每当工余时间，他就翻阅装订的书籍。有时甚至在送货的路上，他也边走边看。经过几年的努力，法拉第终于摘掉了文盲的"帽子"。

　　渐渐地，法拉第能够看懂的书越来越多。他开始阅读《大英百科全书》，并常常读到深夜。他特别喜欢电学和力学方面的书。法拉第没钱买书、买簿子，就利用印刷厂的废纸订成笔记本，摘录各种资料，有时还自己配上插图。

　　一个偶然的机会，英国皇家学会会员丹斯来到印刷厂校对他的著作，无意中发现法拉第的"手抄本"。当他知道这是一位装订学徒记的笔记时，大吃一惊，于是丹斯送给法拉第皇家学院的听讲券。法拉第以极为兴奋的心情，来到皇家学院旁听。做报告的正是当时赫赫有名的英国著名化学家戴维。法拉第瞪大眼睛，非常用心地听戴维讲课。回家后，他把听讲笔记整理成册，作为自学用的《化学课本》。后来，法拉第把自己精心装订的《化学课本》寄给戴维教授，并附了一封信，表示"极愿逃出商界而入于科学界，因为据我的想象，科学能使人高尚而可亲"。

　　收到信后，戴维深为感动。他非常欣赏法拉第的才干，决定把他招为助手。法拉第非常勤奋，很快掌握了实验技术，成为戴维的得力助手。半年以后，戴维要到欧洲大陆做一次科学研究旅行，访问欧洲各国的著名科学家，参观各国的化学实验室。戴维决定带法拉第出国。就这样，法拉第跟着戴维在欧洲旅行了一年半，会见了安培等著名科学家，长了不少见识，还学会了法语。

　　回国以后，法拉第开始独立进行科学研究。不久，他发现了电磁感应现象。1834 年，他发现了电解定律，震动了科学界。这一定律，被命名为

"法拉第电解定律"。

法拉第依靠刻苦自学，从一个连小学都没念过的装订图书学徒工，跨入了世界第一流科学家的行列。恩格斯曾称赞法拉第是"到现在为止最大的电学家"。

看了法拉第的故事，我们就知道：其实年轻人需要的是原动力，而不是依靠。他们天生就是学习者、模仿者，如果给他们太多的帮助，他们就很容易变成仿制品。依靠他人，觉得总是会有人为自己做任何事，所以不必努力，这种想法对发扬自助自立和艰苦奋斗的精神是致命的障碍。

靠自己去学习，靠自己去成功。天生我才必有用，凡事都要靠自己，只有用自己最真实的高度与别人拼搏、较量，才会拥有最真实的实力。自强自立，自力更生，现在可以依靠的是父母，以后呢？只有我们自己。相信自己，让自己变得光芒四射，在这庞大的社会中做一个真正的强者。

哈佛精英历练要点

行走在世间，男孩子不可能凡事都指着别人的帮忙，应该让自己变得自立自强起来。凡事靠自己，才能安心。那么，男孩子该怎样培养自己自立自强呢？

1. 告别对周围人的依赖。在生活中，经常依赖别人的男孩子是没办法独立的，想要做到独立，就要做到自己的事情自己负责，而自己的事情自己负责的前提是自主。

2. 立足于自己当前生活，学习中的问题，从小事做起。谁也不是一下子就变得很独立的，都是在慢慢地在一件件的小事中锻炼出来的。多做一些手边的小事，也是积累经验的过程。这一点，男孩子要引起重视。

3. 亲自在社会中实践。男孩子想真正自立自强起来，没有社会中那些磨炼是不够的。所以男孩子应该多为自己创造机会去社会上实践。只有在社会生活中反复锻炼，不断实践，才能逐步提高自立能力。

勇于拼搏，没有不可能

相信你做得到，你一定会做到。

人们常常会对自己本身或自己的能力产生"自我设限"的信念，其中的原因可能是因为过去曾经失败过，因而对于未来也不敢寄望会有成功的一日，也有可能是没有一个活生生的具体目标，对于愿望能否实现心存疑虑。长久下来他们便开始学得务实，而终于平庸。

打破信念障碍——在学生们都很努力但是却无法取得明显进展的时候，教师可集中力量帮助其中一名学生取得突破。一个人的突破往往会带动一大批人，榜样的力量是无穷的。

数千年来，人类便一直认为要 4 分钟内跑完 1 英里是件不可能的事，不过在 1954 年，罗杰·班尼斯特就打破了这个"信念障碍"。

他之所以能创造这项佳绩，一来得归功于体能上的苦练，二来是得力于精神上的突破。

在此之前他曾经在脑海中多次模拟以 4 分钟时间跑完 1 英里，长久下来便形成极为强烈的信念，因而对神经系统有如下了一道绝对命令，必须全力完成这项使命，果然他做到了大家都认为不可能的事。

谁也没想到班尼斯特的破纪录，却给其他的运动员带来无比的影响，在此之前没有一个人打破 4 分钟跑完 1 英里的纪录，可是在随后的一年里竟然有 37 个人进榜，而再后面的一年里更高达 300 人之多。

之所以会有这种现象，乃是他的成就提供了其他人一个新的依据，大家所认为的"不可能"实际上是可能的。

很多人一生都无法获得成功，并不是追求不到成功，而是在他们心里，他们认为自己就是普普通通的人，不相信自己可以攀上成功的巅峰。

也就是说，他们在心里给自己设置了一个高度，这个高度限制了他们的成功。其实，人生没有什么不可能。要想取得更大的成功，我们必须尽力开掘自己的潜能，大声对自己说：没有什么是不可能的。不给自己设限，你的人生就没有限制。

加拿大有一个小男孩瑞恩·希里杰克，有一天他在电视上看到非洲有成千上万的儿童没有水喝，他们渴急了就去喝残留在水凹里的脏水，甚至牲畜的尿！6岁的瑞恩瞪大了眼睛。他根本不相信：这世上居然会有人没有洁净的水喝，而且会因此死去。他难过极了。

忽然，电视中传出来的一句话"70块钱可以建造一口井"让瑞恩激动不已。"我一定要为他们挖一口井。"他想，"我明天就要带70块钱来。"

电视节目结束后，他迫不及待地向妈妈伸出手，"妈妈，给我70块钱。"面对瑞恩的请求，妈妈根本就没当回事儿。瑞恩只好沮丧地走开了。可是一整天，电视中那些非洲孩子因饥渴而死去的画面充斥着他的大脑。

晚饭时，瑞恩又向爸爸妈妈提起了这件事。"不，"妈妈说，"70块钱是不能解决那里的问题的。况且你也是个孩子，你没有这个能力！"瑞恩把求助的目光投向了爸爸。"这是个可笑的想法，瑞恩……"爸爸还想说下去，瑞恩哭着叫道："你们根本就不明白，那里的人们没有干净的水喝，孩子们正在死去，他们需要这笔钱。"

瑞恩每天都要向父母请求，好像不给他这70块钱，他就没办法生活下去一样。

瑞恩的爸爸妈妈不得不认真地讨论这件事，然后，他们告诉瑞恩："如果你真的想要，你可以自己赚，比如为打扫房间、清理垃圾，我们会给你报酬。"

瑞恩得到的第一个任务是吸地毯。干了两个多小时，经过妈妈的"验收"后，瑞恩的储蓄罐里多出了两块钱。

此后，瑞恩经常利用业余时间做家务。

渐渐地，家族里的人都知道了瑞恩的这个梦想。

爷爷责备儿子说："为什么不直接给他70元钱！"

瑞恩的爸爸说："孩子的想法太可笑，根本就不可能！这样做主要是锻炼他的劳动能力。他很快就会厌烦的。"

妈妈也附和道："这肯定是一个梦，一个6岁孩子的梦，一个毫无可能实现的梦……谁会认真对待这种胡思乱想呢？"

可半年过去了，瑞恩非但没有放弃，反而干得更加卖力了。每当爸爸妈妈劝他停止时，瑞恩就说："让我再干一会儿吧，我一定要赚取足够的钱，为非洲的孩子挖一口水井！"

瑞恩每天睡觉前都祈祷：让非洲的每一个人都喝上洁净的水。

附近居住的人知道了瑞恩的梦想，都被瑞恩的执着感动了，纷纷加入了"为非洲孩子挖一口水井"的活动中。不久，瑞恩的故事出现在肯普特维尔《前进报》上，题目就叫《瑞恩的井》。随后，《渥太华公民报》又刊登了同样的报道。瑞恩的故事开始迅速传遍加拿大，不断有电视台要求采访。

一周后，在瑞恩家的邮筒里出现了一封陌生的来信，信封上写着"瑞恩的井"，里面有一张25万元的支票，还有一张便条："但愿我可以做得更多。"

在不到一个月的时间里，有上千万元的汇款来支持瑞恩的梦想。5年过去了，这个梦想竟成为上万人参加进来的一项事业。这个普通的男孩儿瑞恩被媒体称为"加拿大的灵魂"。2002年9月30日，他接受了加拿大总督克拉克森颁发的国家荣誉勋章，同年10月，他作为唯一的加拿大人，被评选为"北美洲十大少年英雄"。如今，他的梦想已基本实现，在缺水最严重的非洲乌干达地区，有56%的人能够喝上纯净的井水了。

有记者问道："是什么让你坚持做这件事情？"

瑞恩说："我梦想着有一天，非洲的人都能喝上洁净的水。这是个很大的梦想。但我知道，只要真心向往，并且努力奋斗，每个人都可以达成自己的梦想。我坚信，这个世界上没有什么事情是不可能做到的，事实证明，确实如此，只要你想做你就能做得到。"

在生活中，很多人在遇到困难时，总会认为自己不可能克服，从而不敢尝试。其实，事情也许并没有想象的那样无法完成，你所认为的"不可能"，只是自己内心的恐惧，能否完成还要看你自己是否去尝试，是否去尽力。很多事情，如果以"必须完成"或者"一定能做到"的心态去拼搏奋斗，你一定能取得令人仰慕的成功。

哈佛精英历练要点

生活中，很多人嘴里常常说着"不可能、不可能"。其实，不真正去拼搏一把，你怎么就知道不可能呢？有时候，是我们自己把自己看低了，把自己限制住了。所以，男孩子，不要相信"不可能"，你真正该信的是：只要拼搏努力，一切皆有可能！那么，男孩子要如何培养自己拼搏的勇气呢？

1. 树立目标。人的一生不能没有一个明确的目标和方向。目标与方向主导了我们一生的命运与成就，它是驱使人生不断向前迈进的原动力。若一个人心中没有一个明确的目标，就会虚耗精力与生命，就如一个没有方向盘的超级跑车，即使拥有最强有力的引擎，最终仍是废铁一堆，发挥不了任何作用。

2. 敢于挑战。人之所以在原地踏步，没有任何的进步，最大的原因就是不敢向自己挑战。总觉得现在的自己已经很完美了，其实不然，一个人没有进步就是倒退。所以，男孩子一定不要松懈，要勇于挑战自己，超越自己。这样才能更好地去拼搏人生。

第五章

意志课

　　坚强的意志品质是做事成功的保证，是坚定人生目标的保证，是克服困难获得成功的必要条件。养成良好的习惯需要坚强的意志。所以，从现在开始，让我们努力做一个意志坚强的男孩子吧！

微笑面对生活

生活没有亏欠我们什么，所以没有必要总是苦着脸。

俗话说："笑一笑，十年少；愁一愁，白了头。"在人生的旅途中总会有诸多的无奈，因此我们应该保持乐观的态度——微笑面对它们。有人说：当你心情高兴时，一天会慢慢逝去，当你心情愁闷时，一天也会慢慢逝去，既然如此，为什么我们不高高兴兴地度过每一天呢？

微笑像阳光，给大地带来温暖；微笑像雨露，滋润着大地的每个角角落落。一个发自内心的微笑，胜过千言万语。无论是初次谋面，还是相识已久；无论是身处逆境，还是心生愤懑……一个微笑，就能让生活变得更加温馨、美好。

事情发生在一个下午，一辆由南向北行驶的旅游中巴与对面一辆飞驰而来的大货车相撞了……一位好心的过路人拨打了 120 急救电话，不一会儿急救车飞驰而来，救援行动开始了，由于大货车的车身非常庞大，而且撞击的速度非常快，旅游中巴已经面目全非了。两辆车交叉在一起，很多乘客都被压在车身底下，这给救援增加了较大难度。如果乘客因为失血过多而造成休克，后果不堪设想。

在伤员中有一位伤势不轻的男孩一直在指挥着救援，后来才知道他就是这个团的导游，名叫宁泽。他的位置距离抢救队员最近，但是他却一直指挥抢救队员先救里面的乘客不要管他。他用自己那微弱的声音指挥着救援行动，每一次救援队员试图先把他从车身下抢救出来的时候，他都坚持一定要先救其他人……

在抢救的过程中忽然有一个镜头定格了——宁泽面对众人露出了微笑。他在死神面前绽放出最美的微笑，微笑中所绽放的是顽强的生命力和无限的希望。此时他的微笑变成了一种美妙的"音符"，传递给在场的每一个人。但是他忍受的却是钻心入骨之痛。当车厢内最后一位受伤乘客被抢救出来之后，他的那股子精气神儿一下子松懈下来，昏迷过去。在场的救援人员真怕他昏迷后就不再醒来。他只是一个22岁的男孩，处在最好的年龄。

对他的救援远比抢救其他人要困难得多，他的双腿被紧紧地压在一个汽车座底下，而这个车座已经严重变形，当救援人员费尽九牛二虎之力把他从车座底下拉出来的时候，他已经失血过多，危在旦夕，而且他的左腿骨已经裸露在了外面，连救援人员都不忍心再看了。

宁泽被送到了附近最近的一家医院，但是由于伤势严重、伤口感染、失血过多而造成休克，随时有生命危险。于是大家赶紧用最快的速度通知他的家人。

消息对他的家人而言犹如晴天霹雳。医生说如果要保住性命，必须截去左腿，但是截去左腿后也不一定能保住性命，最好转院到省医院进行救治。大雨如注、路途遥远，但不转院宁泽性命难保，最终大家一致决定再困难也要转院。

在命悬一线的时候，在手术室门口，他做出了"胜利"的手势，用尽最后的力气问："乘客怎么样?"此时周围的人甚至怀疑眼前的他是否刚遭遇车祸的人。

手术完成了，当得知手术结果后，母亲号啕大哭，觉得命运对他们的儿子太残酷了。父亲抱着儿子被截下来的左腿也失声痛哭，血迹染遍了父亲的全身。

他自己得到噩耗后，只是有些惊诧，由于还在术后麻醉期，所以还感觉不到被截肢的剧痛。当时他的表情异常冷静，这一举动让很多人都不理解，之后他却擦去眼泪安慰周围的人说："大家不要为我难过，这些都是我应该做的。"凭借着积极乐观的生活态度，没多久他就在医生的指导下进行扶拐练习了。

140

微笑，是一种态度，更是一种力量，它让我们积极向上，让我们重新审视生活，让我们无论经历了什么，都能坦然面对。所以学会微笑，对我们每个人而言都有着极为重要的意义。如果我们能用微笑面对每一天的生活，那么我们的人生将变得更加精彩。

用微笑面对生活，不要抱怨上帝的不公，因为上帝并没有偏爱谁，它只是给了我们不同的思考方式来安排我们的生活；用微笑面对生活，不要抱怨生活给予我们太多磨难，不要抱怨生命中有太多挫折，因为我们深知"再平的路也会有几块石头绊脚"。生活如果一帆风顺，生命也就失去了其自身的魅力；用微笑面对生活，把生活中的每一次挫折、误会、失败当作一次尝试，勇往直前，把生活中的每一次成功看成一种"侥幸"。就这样微笑着弹奏生活的乐章，去迎接坎坷，去接受幸福，去品味孤独，去战胜忧伤。

一只老式的大肚煤炉被用作乡村校舍取暖之用。一个小男孩每天早晨提前到学校生火，在老师和学生们到来之前让房间里变得暖和一些。

一天，同学们到学校时发现校舍被熊熊烈火吞没。他们把失去知觉的小男孩从火中救出来，他已是奄奄一息了。他的下半身被严重烧伤，他们把他送往附近的一所乡村医院。严重烧伤、神志不清的小男孩躺在床上，模糊地听到医生在对母亲说话。医生告诉他母亲，他儿子难逃一死，这已经是老天慈悲了，因为可怕的大火已经烧坏了他的下半身。

但勇敢地小男孩并不想死，他决心活下来。让医生惊讶不已的是，他真的居然活了下来。当危险期过去之后，他又听到医生对母亲悄悄说：因为大火烧坏了他下肢的许多肌肉，要是真死了倒好了，这下他注定要做一辈子的残疾人，无法再活动他的双腿。

这个勇敢的男孩没有灰心丧气，他笑着对母亲说："我不想做一个瘸子，我一定要学会走路。"但不幸的是，他腰部以下无法活动。他细瘦的双腿在那里摇摇晃晃，一点儿也没有知觉。

他终于出院了，每天母亲要为他按摩双腿，但他毫无知觉。然而，他没有放弃，每次他都对着镜子朝自己微笑，告诉自己：我一定能做到！

在往后的日子里，他通过每日按摩和钢铁般的毅力及决心，终于能够自己站立了；接着，他可以摇摇晃晃地行走，接着，他可以跑了。

他开始步行去学校，然后跑步上学，他跑步纯粹是出于那种奔跑的快乐。在大学里，他入选校田径队。

后来，在麦迪逊广场花园，这个没想到会活下来、被认定无法行走、更别梦想跑步的意志坚定的年轻人——格兰·坎宁安博士，打破世界纪录！

生命对每个人来说都是平等的，不要一味地抱怨上天的不公平，路途中时而坎坷艰辛，时而平淡如水，关键是看你如何来把握生活，享受生命。让我们用微笑来面对生活，用微笑来面对每个人、每件事，你就会看到阳光灿烂，迎接你的也是一路的欢声笑语。

人生在世，痛苦失败和挫折在所难免，我们应让自己用积极的态度对待生活，管它一切如何，我们都要微笑去面对。微笑去面对失败，在失败中总结经验教训，你会变得坚强；微笑去面对痛苦，一切会烟消云散，烦恼将不再纠缠。让我们微笑面对生活，每天对着自己微笑，你会觉得心情开朗，海阔天空。每天对着别人微笑，你会看到阳光灿烂，风轻云淡。也让我们面对过去微笑，把所有失意留在昨天，迎接我们的每天依旧是艳阳高照！

哈佛精英历练要点

微笑，是一个表情，更是一种态度。懂得用微笑面对生活的人，生命会充满阳光。所以，男孩子应该学会用微笑面对生活。那么，怎样才能做到呢？

1. 用心另眼看世界。这世上不是每个人都很顺利，只是看自己怎么解决，比如你走路的时候被人撞了，别人给你道歉了，有时候你还是会觉得很生气，但是你却没想到撞你的人心里其实比你还难受，还是想想那句

"开心也是一天，不开心也是一天，何不如天天开心"。

2. 学会忘记，让自己忙起来。想到心情不好就心情会不好，那就不用想它，如果还是想，那就让自己忙起来，让自己没有空闲去想它，让自己充实地过好每一分钟，再有早晨醒了以后不要恋床，醒了就起来，忙起来，推开窗，呼吸清晨的新鲜空气，放松全身，让自己心情愉悦起来……

3. 找一个安静的地方，调整自己。选择一个空气清新，四周安静，光线柔和，不受打扰，可活动自如的地方，取一个自我感觉比较舒适的姿势，站、坐或躺下，或者活动一下身体的一些大关节和肌肉，做的时候速度要均匀缓慢，动作不需要有一定的格式，只要感到关节放开，肌肉松弛就行了。

苦难，是人生最好的老师

没有艰辛，便无所获。

现在，很多人活得很累，过得也不快乐。其实，人只要生活在这个世界上，就有很多烦恼，痛苦或是快乐，取决于你的内心。人不是战胜痛苦的强者，便是屈服于痛苦的弱者。再重的担子，笑着也是挑，哭着也是挑。再不顺的生活，微笑着撑过去了，就是胜利。

生物学家发现，飞蛾在由蛹变成幼虫时，翅膀萎缩，十分柔软；在破茧而出时，必须经过一番痛苦的挣扎，身体中的体液才能流到翅膀上去，翅膀才能坚韧有力，才能支持它在空中飞翔。

一天，有个小孩子凑巧看到一棵小树上有一只茧在蠕动，好像有飞蛾要从里面破茧而出。小孩子觉得很好奇，于是他饶有兴趣地停下来，准备见识一下由蛹变飞蛾的过程。

但随着时间的一点点过去，飞蛾在茧里奋力挣扎，却一直不能挣脱茧的束缚，似乎再也不可能破茧而出了。小孩子变得不耐烦了，心想：我干脆帮它个忙吧。于是他就用一把小剪刀，把茧上的丝剪了一个小洞，好让飞蛾摆脱束缚容易一些。果然，不一会儿，飞蛾就从茧里很容易地爬了出来，但是它的身体非常臃肿，翅膀也异常萎缩，耷拉在身体两侧伸展不起来。

小孩子想看着飞蛾飞起来，但那只飞蛾却只是跌跌撞撞地爬着，怎么也飞不起来。又过了一会儿，它就死了。

没有经历痛苦洗礼的飞蛾，脆弱不堪。人生没有痛苦，就会不堪一击。正是因为有痛苦，所以成功才那么美丽动人；因为有灾患，所以欢乐才那么令人喜悦；因为有饥饿，所有佳肴才让人觉得那么甜美。正是因为有痛苦的存在，才能激发我们人生的力量，使我们的意志更加坚强。

瓜熟才能蒂落，水到才能渠成。和飞蛾一样，人的成长必须经历痛苦挣扎，直到双翅强壮后，才可以振翅高飞。

人生若没有苦难，我们会骄傲；没有挫折，成功不再有喜悦，更得不到成就感；没有沧桑，我们不会有同情心。因此，不要幻想生活总是那么圆满，生活的"四季"不可能只有春天。每个人一生都注定要跋涉沟沟坎坎，品尝苦涩与无奈，经历挫折与失意。痛苦，是人生必须经历的一课。

巴雷尼小时候因病成了残疾，母亲的心就像刀绞一样，但她还是强忍住自己的悲痛。她想，孩子现在最需要的是鼓励和帮助，而不是妈妈的眼泪。母亲来到巴雷尼的病床前，拉着他的手说："孩子，妈妈相信你是个有志气的人，希望你能用自己的双腿，在人生的道路上勇敢地走下去！好巴雷尼，你能够答应妈妈吗？"

母亲的话，像铁锤一样撞击着巴雷尼的心扉，他"哇"的一声，扑到母亲怀里大哭起来。从那以后，妈妈只要一有空，就帮巴雷尼练习走路，做体操，常常累得满头大汗。有一次妈妈得了重感冒，她想，做母亲的不仅要言传，还要身教。尽管发着高烧，她还是下床按计划帮助巴雷尼练习走路。黄豆般的汗水从妈妈脸上淌下来，她用干毛巾擦擦，咬紧牙，硬是帮巴雷尼完成了当天的锻炼计划。

体育锻炼弥补了由于残疾给巴雷尼带来的不便。母亲的榜样作用，更是深深教育了巴雷尼，他终于经受住了命运给他的严酷打击。他刻苦学习，学习成绩一直在班上名列前茅。最后，以优异的成绩考进了维也纳大学医学院。大学毕业后，巴雷尼以全部精力，致力于耳科神经学的研究。最后，终于登上了诺贝尔生理学和医学奖的领奖台。找准自己的位置，找到适合自己前进的方向，生命才能达到极致。

在我们生命漫长的"旅程"中，我们要经历快乐、幸福、悲伤和苦难。无论是苦还是甜，我们都需要去面对，这样的生活才有滋有味。有的人很害怕苦难，其实困难是人生一笔宝贵的财富。困难对每个人来说，既不是生命的不幸，也不是命运的捉弄，而是一个通向胜利的起点。

佛说："要感谢伤害你、欺骗你、折磨你、遗弃你的人，是他考验、磨炼了你的心智，增长了你的智慧，砥砺了你的人格，教会了你的独立，他让你变得更加成熟和坚定，让你学会从逆境中走出，在顺境中觉醒。因此，你才会面对各种困难和挫折，变得意志坚强，心胸豁达，变得从容淡定，宠辱不惊"。

苦难并不可怕，如果你心中有成功信念的话，因为当我们一次又一次地从摔倒的地方凭借自己的力量重新站立起来的时候，我们都会比原来更加高大与健壮。苦难是他送给年轻人的带刺的"玫瑰"，它会最终带来成功和幸福，尽管为了这朵"玫瑰"，我们刺破了双手。

哈佛精英历练要点

人生本来就不是一马平川的，而是遍布荆棘与坎坷的。遇上苦难，咬咬牙，坚持住，跨过去，你的生命又是一片艳阳天。所以，男孩子要学会正确面对生活中的苦难，那么什么才是正确的态度呢？

1. 调整好自己的心态。苦难有时候是"天命"，有时候是人为，但无论是哪一种，给人的打击都是一样的。这个时候，最关键的一点就是要调整好自己的心态。因为如果调整不好自己的心态，就会让我们陷入消极的情绪中无法自拔，甚至会做出令我们后悔的举动或决定。

2. 开始新的生活。苦难是一时的，要是让它影响了我们的一生，那么就太亏了。所以，在苦难过去之后，我们一定要调整好自己的状态，让自己忘却苦难，凭着自己的努力奋斗，开始崭新的生活。

绝望不放弃，就会迎来希望

在绝望的时候坚持一下，你将会看到更美丽的彩虹。

在我们的生命里，存在着许多的不如意，也有许多令你驻足的事与人，然而，不必把太多的时间花在悲伤与忧虑上，有了生命才有希望。其实，我们每个人所拥有的最大财富就是拥有了生命。生命是宇宙间最伟大的成就，也是宇宙间最伟大的奇迹。

生命，它充满了活力，它是一个持续不断的过程，它让人经历苦难，同时也给人以欣慰、给人以能量，让人能够感觉它的活力与热力。生活并不是以一种姿态呈现在我们面前，所以，要过好这一生，这是我们每个人的权利也是每个人的义务。

有位大学教授由于经常发愁得了胃溃疡。一天，他胃出血了，被送到医院救治，几个月后，教授的体重在疯狂地下降，病得非常严重。医生认为教授的病无药可救。每天早上护士都会用一条橡皮管插进他的胃，把里面的东西洗出来，然后再让他食用半流质的食物。

教授意识到自己的病情在恶化，也维持不了多久的时间了。于是他对自己说："你睡吧，如果你除了等死之外，没有什么其他指望的话，不如好好利用余下的生命。你不是一直想周游世界吗，如果还想如此的话，只有现在采取行动了。"当他把自己的想法告诉医生时，医生大吃一惊，极力阻止他采取这样的行动，并警告他说："这是不可能的！"然而，教授还是实行了他的计划，他怀着无比复杂的心情踏上了旅程。先出发去美国的洛杉矶，再乘坐"亚当斯总统号"在海上航行。

渐渐地，他不再吃药，也不再洗胃了。又过了不久，任何食物都能吃一些，甚至包括许多当地的食品及一些调味品，而这些东西恰恰是医生警告他切勿食用的、足可以让他送命的东西。他从这次旅行中得到了很大的乐趣，与船上的乘客交朋友、玩游戏、聊天，到一些国家后，真切地体会到不同的风土人情，他抛弃了那些无聊的忧虑，觉得异常的轻松，当他漫长的旅行结束后，发现自己的体重竟然增加了许多，几乎忘记了自己曾经得过严重的胃病。

卡耐基说："如果我们以生活为代价，忧虑过多的话，我们就是傻子。"昨天的负担加上明天的重担必将成为今天最大的障碍。在面对死亡时，人们有选择如何度过自己余下时光的权利，是忘记所有烦恼、使自己完全放松下来尽情享受这一点点的时间，还是一直担心忧虑下去，直至抵达死亡？

生活总爱捉弄人，当你不得不面对死亡时，当你别无选择时，准备好迎战它时，你越悲观它越让你痛苦，然而你要是乐观，它也怕了你，随着你的高兴而兴奋，它愿意为你付出所有。正可谓"山垂水复疑无路，柳暗花明又一村"。任何的绝望后都充满着希望。

这天，世界著名画家吴炫三油画展在台湾历史文化博物馆开展。他与许多台湾名流、收藏专家和绘画爱好者一样，慕名前往参观。他站在吴炫三的油画前，深深地被其油画艺术所震撼。他思索再三，决定要拜吴炫三为师，专心学习油画。

他被自己这个想法吓了一跳。因为，他刚刚学习绘画，没有一点基础，甚至连一般的油画知识都不懂。同时，他还是一位残疾者，他的四肢只剩下一条左腿，眼睛也瞎了一只。就凭这样的基础，这样的条件，著名画家吴炫三能收自己为入室弟子吗？不可能。可是，学习油画的强烈欲望占据了他的思维。他想，只要自己的思想坚定，意志坚强，吴大师一定会收自己为徒的。

他拖着一条假肢向吴炫三走去。这次油画展来的社会名流和收藏专家很多，吴炫三应接不暇。他默默地站在吴炫三的身后，等待他。终于，吴大师有了一点空闲，在椅子上坐了下来。他抓住这个机遇，急忙站到了吴炫三的面前。

他看着吴炫三的眼睛，红着脸说："吴大师，我要拜您为师，我要跟您学习油画。"吴炫三看着这个冒失的无臂青年，心里咯噔一下：哪有这样拜师的呀！吴炫三的入室弟子要么是有名人推荐，要么是通过作品打动吴炫三，让他认为这个孩子有巨大的绘画天赋。可是，他什么也不是，甚至缺乏拿画笔的双手。

吴炫三问，"就是你？"他说，"是我！"吴炫三问，"你用什么绘画？"他说，"我虽然没有双手，但是，我有嘴，我可以用嘴绘画！"吴炫三仔细地看了看他，然后，摇了摇头，对他说，"对不起，年轻人，我已经很长时间没有收入室弟子了。"

吴炫三拒绝了他。那一刻，他绝望了。他的脑子一片黑暗，没有了太阳，没有了月亮，没有了色彩。他木然地站在那里，低着头，不知所措。这时候，展厅里又来了几位油画收藏专家，吴炫三急忙站起身，前往迎接。

他不死心。他要拜吴炫三为师，他要学习油画。他听人说，吴炫三每周三下午在台湾艺专开设油画课，他决定前去旁听。周三这天，他让朋友骑着摩托带他去台湾艺专。他好说歹说，门卫终于同意他进去。可是，他来到画室的门口，从中午12点等到下午6点，也没有见到吴炫三的影子。他失望地走出艺专大门的时候，天已经下起了细雨。朋友带着他往回走。在一个下坡处，摩托车滚下了山坡。他的"一只脚"滚出了老远。朋友吓得魂儿都飞了。不过，这只是一场虚惊。因为，那只脚是他的假肢。第二个星期三，朋友再也不敢用摩托车带他了。可是，他仍然缠着朋友不放。

朋友没法儿，便陪他坐公交车前去。不过，他再次扑了个空。

是消息不准确，还是吴大师临时有事儿？他托人打听。原来，吴炫三由于专心创作，时间很忙，所以，他的油画课很不准时。他听到这个消息，很是高兴。因为，这说明他还是有希望的。他打定主意，吴炫三不收他为徒，他绝不罢休。他不再跟朋友一起去了。他决定一个人前往。这次，他还像往常一样，坐在画室的门口，支起画架，用嘴咬着画笔，一边练习绘画，一边等吴炫三。不知不觉，学校已经是灯火通明。这时候，他站起身，准备收拾回家。可是，当他转身的时候，他发现自己身后站着一个人。这个人不是别人，正是自己日思夜想的油画大师吴炫三。吴炫三被他的执着和顽强的毅力所感动，决定收他为徒。自此，他与吴炫三结下了深厚的师生情谊。

6年过去了。这天，吴炫三决定举办一次酒会。不过，这不是一般的酒会，这个酒会的四周挂满了爱徒的油画作品，而参加酒会的人全部是台湾、香港等地的著名收藏家。大家看了这些油画，根本不相信这些作品是用嘴画出来的。这时候，吴炫三把他请了出来，让他现场作画。大家信了。吴炫三说："其实，人间最好的作品都不是用手画出来的，而是用心画出的。"大家深受感动，他的作品被抢购一空。

他叫谢坤山。目前，他已经是全球著名的口足画家。他的作品流传到世界各地，他的故事被翻译成19种语言，在全球传颂。有人说，他不只是台湾的，也不只是中国的。他是世界的，是人类的。他的精神激励着世人。

在现实生活中，永远没有一帆风顺的事，我们每个人在前进的过程中，都会遇到一些困难和挑战。这确实让人感到沉重，感到压抑，甚至连呼吸都会变得很困难，好像自己真的陷入了绝境，仿佛人生真的走到了尽头。然而事情的发展往往并非如此，"死地"中常常孕育着生机，绝望中常常萌生着希望。看似无路可走，实则柳暗花明。只要你绕过这片沼泽，就会看见前面更加广阔的天地。

其实这个世界上没有什么真正的"绝境"，不管冬天多么寒冷，春风总会带来温暖；无论黑夜多么漫长，朝阳总会再次升起。对于年轻的我们来说，当挫折接连不断地跟我们招手，当失败如影随形地向我们走来，当命运之门残忍地对我们关闭，我们依然不要对生活绝望。因为总有一扇窗户会为你打开，总有一米阳光会为你闪耀，总有一线生机会为你停留。

世上没有绝望的处境，只有对处境绝望的人。人生活的这个世界不可怕，窘迫的生活不可怕，灵感和信念的堵塞也不可怕，真正的可怕是一颗绝望的心。绝望，这个词让人看了就有一种无助的感觉。当绝望光顾了你，不要心存恐惧，绝望的隔壁是希望。只要你在绝望面前不放弃，那么无论来自外界的不幸是怎样的沉重，无论源于自身的灾难是如何的巨大，脚下总会延伸出一条新的道路。

哈佛精英历练要点

人生的沟沟坎坎有很多，是不可避免的，所以，我们应该学会用积极的态度去面对。当我们陷入绝望的境况时，千万不要轻言放弃。有句话说得好："绝望时刻不放弃，就会有希望。"那么，男孩子该如何做到这些呢？

1. 凡事往好处想。世间事都在自己的一念之间。因为想法不同，就有天堂地狱之别。我们的想法可以想出天堂，也可以想出地狱。在现实生活中，男孩子无论处在什么样的绝望之中，都应该鼓励自己凡事多往好处去想，否则就会陷入生活的泥淖之中苦不堪言。

2. 动起来，才能改变现状。其实，无论什么事情，真正的绝望都是放弃。选择放弃的人，是不会想着靠自己努力去改变什么的。但走出绝望的路，恰恰就是行动才能去改变的。聪明的男孩子应该明白这个道理，在遇到令自己绝望的事情时，要动起来，才能去改变现状。

坚强一点，直面挫折

当人生的凄风苦雨袭来，我们谁都无法逃避，而只能去面对。

人的一生总要面对这样或那样的挫折与磨难。温室里的花朵经不起风雨的考验，屋檐下的小鸟飞不上广阔的蓝天。当你面对挫折和磨难时你会怎样选择？如果你选择坚强地面对，成功就将变成你的伴侣。如果你选择逃避现实，失败将给你做伴。

因此，在人生的风雨中，男孩子要培养自己忍受风吹雨打的抵抗力，只有这样，才能让自己茁壮成长。就像山脊上的树木一样，只有经历过多次暴风雪的洗礼，最终才能长成坚实的树干。

到过美国黄石公园的人，都会记得那里有大片大片茂密的松树林，其中最常见的一种松树叫"屋梁松"，因为它最适合做房屋的栋梁而得名。这种松树的松塔可以挂在树上好几年也不脱落，而且屋梁松塔的鳞片结构特别紧密，即使落在地上，在狂风烈日下鳞片也不会张开。这些鳞片只有在强大的高温作用下才会绽开，释放出种子。

春季到来天气转暖，当别的种子在沃土中生根发芽、甚至长成树苗的时候，屋梁松的种子仍然被紧紧地包在松塔里，过着暗无天日、与世隔绝的生活。如果你是一颗屋梁松的种子，是否会叹息命运不公，诅咒束缚自己的松塔呢？然而，大自然这样的设计是有道理的。夏末秋初，如果当年雨水少，森林中发生山火的可能性相当大。在山火来临的时候，整片整片的树林被烈火吞噬。同时大火的高温也打开了屋梁松松塔的鳞片，释放出储备已久的种子，由于有坚固的种皮保护，这些种子可以平安度过危险。

山火过后，被烧过的动植物为土壤留下了丰富的养分。由于没有其他树木的竞争和遮蔽，这里的空间、日光、水分也异常充足，为屋梁松的种子创造了最适合的生长环境！第二年春季，在一片灰烬中，这些希望的种子破土而出，不久漫山遍野就全是屋梁松的幼苗了。

正因为每次火灾过后，屋梁松总能最早占领"地盘"，它们渐渐成为黄石公园里分布最广的树种之一。这一切都是那些把种子锁在黑暗里的松塔的功劳。

遭遇挫折和冷遇时，请不要为怀才不遇而懊恼，也不要怨恨环境的束缚。这时或许你是在积蓄力量，等待时机。只要拥有希望的种子，总有一天，它会发芽、壮大的。

要相信，如果我们愿意努力去追求成功，同时拥有在苦难环境中力争上游的承受度与永不屈服的毅力——我们就能获得理想的人生。

命运对奥斯特洛夫斯基是残酷的。他念过三年小学，青春消逝在疾驰的战马与枪林弹雨中。16 岁时，他腹部与头部严重负伤，右眼失明。20 岁时，又因关节硬化而卧床不起。面对着命运的严峻挑战，他深切地感到："在生活中没有比掉队更可怕的事情了。"

奥斯特洛夫斯基与命运进行了英勇的"抗争"。他不想躺在残废荣誉军人的功劳簿上向祖国和人民伸手，他用充沛的精力读完了函授大学的全部课程，如饥似渴地阅读俄罗斯文学与世界名著。书籍"召唤"他前进，书籍"陪伴"他披荆斩棘。

当奥斯特洛夫斯基的文化和艺术素养达到一定水平后，他写了一本描述柯托夫斯基部队中英雄战士的中篇小说，寄给一家杂志社，却未被采用。可他并未灰心丧气，他深深地懂得：平步青云的事是少有的。人们往往只看到成功者头上的桂冠和脖子上的花环，而忽略了他们在未成功之前备尝的痛苦、冷落，甚至歧视。

因此，一些向理想高峰攀登的人，一遇到艰难险阻，就畏缩不前，一碰到冷落、歧视，就半途而废，惊呼生不逢时。奥斯特洛夫斯基忍受着病痛的折磨，默默地向认准的目标攀登。1932 年，他终于完成了《钢铁是怎样炼成的》一书。

对此，他高兴地惊呼："生活的大门向我敞开了！""书就是我的战士！"站着用枪战斗，躺着用笔战斗，死后用书战斗。这就是作为一个战士和作家的奥斯特洛夫斯基的一生。

位于莫斯科高尔基大街14号的奥斯特洛夫斯基博物馆，本是当年苏维埃政府分配给奥斯特洛夫斯基的新居。当时，他虽然年仅32岁，却已双目失明，四肢瘫痪，全身不能活动，双手丧失了写字的能力，连转动头部也极为困难。

正如他在自传中所写："体力几乎全部丧失了，所剩的仅仅是一种想要多少对自己的党和工人阶级尽些力量的热望。"他不想在安闲无聊中消磨自己有限的生命，一种强烈的历史责任感，使他难以放下手中新的战斗武器——笔。

据当时医生诊断，奥斯特洛夫斯基还可以活5年，但他本人对病情的严重程度十分清楚。他曾对护士说："我知道我的病情严重，我感到遗憾的是，还有那么多工作没有完成。"

在临终前一个月，他已经清楚地感到死神正向他扑来，但他没有要求去看病，更没有停下笔去休养，而是拼命加班，与死神争分夺秒。他让助手们实行"三班制"守在他的床头，他躺着口述，妻子与助手们帮他打字，他自己则一刻也不肯休息。

奥斯特洛夫斯基思想的烈马，驰骋在乌克兰与波兰交界的辽阔的原野上，他口述的每一个字母都像无情的子弹，射向入侵的"德国强盗"。正如他的妻子拉伊萨·帕尔弗列芙娜在回忆录里所记述的那样："这些天，打字机的声音犹如机关枪在扫射。"

奥斯特洛夫斯基在新住宅里住了短短7个月就去世了，但他却以惊人的毅力完成了他的又一部长篇力作《暴风雨所诞生的》。他在给斯大林的信中写道："我这一生都将献给社会主义祖国青年一代的布尔什维克教育事业，直到最后一次心跳为止。"

1936年12月20日，在完成了《暴风雨所诞生的》第一卷之后6天，这位伟大的共产主义战士的心脏停止了跳动。

我们回忆古人，就像照镜。当你遭遇挫折，不幸的时候，请去古人那里照照镜子，看看自己是哪样的形象。在如今竞争激烈的社会，我们见到了太多太多承受不住挫折打击的悲剧人物。然而见到更多的是，头顶着乌云，但坚信阳光就在乌云背后的坚强不屈的人。

当我们面对挫折时，此时我们心灵的承受力是决定性的，没有承受力的人，如果说挫折痛苦是一剂苦药，他的心就像一小杯水，药化为水，处处是苦水。对于心灵坚强的人，如果挫折苦难是一剂苦药，那他的心会是好大一壶水，药化为水，苦味没了；如果是一大把苦药，那他的心就是一片大海。

对于智者来说，挫折痛苦的苦药在他那里会化作甘霖，浇灌他心灵的土壤，长出伟岸的灵魂之树，结出智慧成功之果。当挫折来临的时候，直面挫折、缩小痛苦是我们首先考虑的。要记住：人生只有走出来的美丽，没有等出来的辉煌，因此，我们应该学会坚强，勇敢地直面挫折，才能拥有更好的明天。

哈佛精英历练要点

生活中，困难、挫折是在所难免的。既然已是如此，男孩子应该坚强一点，直面挫折。这样，才能迎接未来更美好的生活。那么，男孩子具体该怎么做呢？

1. 接受现实、面对现实。当困难、挫折出现的时候，很多人都选择去逃避，但是逃避是没有任何意义的，它不能替我们解决问题。当事情已经发生的时候，我们能做的其实只有接受它、面对它。男孩子要记住这一点，做到这一点，让自己坚强起来。

2. 让自己恢复到积极的状态之中。在接受现实、面对现实之后，男孩子要做的事情就是尽快地去调整自己，让自己从失落、沮丧等消极情绪中走出来；然后再做一些事情，让自己变得积极起来，恢复以往的状态。

3. 行动，改变现状。调整好自己之后，该做的事情就是行动起来，用自己的努力去改变眼前这不好的一切，为自己闯出一番新的天地，让自己走进一种新的生活。

持之以恒，才能打开成功之门

成大事不在于力量大小，而在于能坚持多久。

法国大思想家布封曾经说过："天才就是长期的坚持不懈。"我国著名的数学家华罗庚也曾说："做学问，做研究工作，必须持之以恒。"的确，我们干什么事，要取得成功，坚持不懈的努力和持之以恒的精神都是必不可少的。即使是世界上最简单最容易做的事情，如果没有坚韧的恒心和毅力，就无法坚持到底。凡事贵在持之以恒，只有坚持到最后的人才能走向成功。

"水滴石穿"这个道理我们每个人都懂得，然而为什么对石头来说微不足道的水能把石头滴穿？说透了，这还是坚持。一滴水的力量是微不足道的，然而许多滴的水坚持不断地冲击石头，就能形成巨大的力量，最终把石头滴穿。这告诉我们成大事不在于力量的大小，而在于能坚持多久。做事是否成功，不在一时的奋发，而在于能否持久。

北山有一位老翁，名叫愚公。他见太行山和王屋山挡在门前，出门很不方便，就产生了一个大胆的想法，愚公想把这两座山都搬走，有一天，他把妻子、儿女、大大小小的孙子喊来，商量这件事，儿女们倒是都很赞成，可是妻子却说他是不是老糊涂啦，这么大年纪还要搬山，挖了的泥土又往哪堆呢？

愚公和妻子争吵起来，儿子出来劝解，说可以把土挑到渤海去。愚公和众儿孙们齐声赞成，妻子见大家决心已定，也放弃了自己的意见。愚公带着妻子，儿孙，扛起锄头，镢头，带上簸箕上山了。愚公的壮举惊动了四邻，大家纷纷前来观看。京城有一个寡妇，带着孩子也蹦蹦跳跳地来帮忙。就这样，愚公挖山，妻子铲土，儿孙们挑着簸箕往渤海里运，一天连着一天，速度虽然很慢，但是他们从不灰心，每天搬山不止。

河曲智叟觉得愚公太傻了，他劝愚公，这么大的年纪就不要搬山了，早早地回家歇着吧，愚公拄着镢头说，他死了有儿子，儿子死了有孙子，子子孙孙没有穷尽，总有一天会搬完的。智叟被噎得哑口无言，只好苦笑着摇摇头。一天，天神从空中路过，看到了这场景，惊得急忙跑回去报告天帝。天帝知道了十分感动，他觉得愚公他们精神可嘉，于是派了两个儿子去搬掉那两座大山。他们来到山前把山摇了摇，蹲下身子，一人一座，把山搬走了。从这以后，愚公的家门前一片平原，道路十分好走。

生活对我们每个人都是公平的，它把"坚持"这把成功大门的钥匙给予了每个人，无论你是谁，只要你牢牢地抓住这把钥匙，灿烂的成功之花就会向你开放。一旦你放弃了它，就算胜利女神近在咫尺，它也会悄然离开。现实生活中许多人都是让胜利女神悄然离开的人。他们做事总是浅尝辄止，半途而废，纵使有时候快要接近终点时，最终也因坚持不下而放弃，导致功亏一篑。

德国诗人席勒说："只有恒心可以使你达到目的。"一个人在确定了奋斗目标以后，若能持之以恒，始终如一地为实现目标而奋斗，目标就可以达到，世上无数的成功者就是明证。

2010年，美国当地时间5月25日晚上7点39分，一部名为《超蛙战士》的3D动画片在好莱坞柯达剧院举行了北美首映典礼。这不是美国、日本等动漫大国制作的电影，而是一部完全由一位中国人历时6年呕心沥血精心设计，花费5000万元人民币的杰作。它打破了中国没有自己3D电影的历史，并且成了中国首部在北美上映的3D电影。

在首映典礼上，众多的掌声中，一名中国人自信地站在了主席台上。脸上露出了久违的笑容。他就是中国动漫电影制作大户——河马动画设计股份有限公司董事长徐克。

徐克，原来是学金融出身的，曾经有份让人羡慕的工作。但是为了拯救高度沉迷于日本动漫的儿子和为了开发中国人自己的 3D 动漫，他毅然放弃了复星集团投资部总经理的职位，转行改做动画电影。很多人都不理解他的做法，说他疯了，从令人羡慕的金融界半路出家去了一无所知的动画电影界。

一个学金融出身的人无疑是一个动漫业门外汉，而且两个专业风马牛不相及。刚开始的时候，河马动画的创业之路充满崎岖和坎坷。河马动画最先没有大方向，更缺少资金和人才，只好做些手机上的四格漫画，之后帮一些网站做小动画、小外包之类的服务来支撑公司的运转。好几次，河马动画都濒临破产的边缘，最后是徐克卖车、到处借钱才勉强躲过一劫。

面对此种惨景。徐克也曾经徘徊过、动摇过。但是他仍然相信直觉，他相信以后的 3D 动漫会很有市场，尤其是中国还没有真正意义上的 3D 动漫产业。于是他选择了坚持。他看好的东西，就会不顾一切地去想办法实现。

因为做动漫这行要有非常高的创新意识，因此他选人的标准也和一般人不大一样。在他的团队里，有很多奇人。一个医学界的手术科医生，因为共同的爱好，成了河马动画的一员。很难想象，一个之前拿手术刀的医生，现在却在河马动画的实验室里设计机器人模型。还有一个也是医学界的脑科医生，现在也成了他得力的团队合作人之一。他很聪明，指挥百号人"打仗"，心里不哆嗦，临危不惧，后来也加入了河马动画的团队。在公司里，游戏军团里的一半高管从虚拟世界全被他调到公司做现实版高管了。

正是靠着这些志同道合、热情、有活力、有实力的年轻人锐意进取、创新合作，全心全意致力于开发与传播中国 3D 技术及产品，致力于中国动漫文化的传播与普及，才走出一条全新之路。6 年磨一剑，终于让中国的动漫电影有资格在北美市场上映。河马动画成功了。

谈到河马动画成功的秘诀时，徐克总会不忘说上一句："有梦想，别忘了要坚持下去，别轻言放弃，总有一天会成功！"

古今中外，不知有多少人满足于现状，不坚持，不努力，最后只换来了失败。例如王安石写的《伤仲永》中的仲永，他虽然有很高的天资，却没有继续努力，而是整日随父亲到处拜访赚钱，最后没有获得什么成就。试想一下，如果当时仲永能够坚持不懈地学习，加上他的天资，一定能够成为历史上又一位文学名人。可见，持之以恒是多么重要。所以只有持之以恒，才能获得成功。

作为男孩更应该做到持之以恒，发扬持之以恒的精神。我们要学习那位老人，学习他不怕困难，坚持到底的精神。只要我们持着恒心，迈着坚定的步伐，义无反顾地努力，一定能够沐浴到成功的阳光。

哈佛精英历练要点

一个人只有持之以恒，才能达成目标、实现梦想。所以，男孩子应该培养自己做事情持之以恒的习惯。那么，具体该怎么去做呢？

1. 让自己从头至尾完成一件事情。在学习或生活中的任何一件该做的事情，男孩子都应该严格要求自己有始有终地按预定计划完成，绝不允许半途而废。完成能力和习惯是一项很重要的品质。现实生活中有很多缺乏恒心和毅力的人，做事往往半途而废。因为从小没有严格要求，做任何事情一遇到困难就没有坚持下来的习惯，达到很小的高度就心满意足。这是一个人成才的大忌，这种人永远达不到成功的彼岸。

2. 培养责任感。做什么事情都必须让自己负责任。不用负责任的事情，不可能有恒心和毅力去完成它。因为反正没有责任，对一个人来说就不存在紧迫感。我们必须明白，无论做什么事情，都要有责任感。在责任感的驱使下，我们才会有恒心和毅力去努力完成并做好事情，才会在漫长的成才路上坚持到底。

3. 一定要有一个目标。有了伟大的目标，我们就会把艰苦的劳动视若等闲。伟大而明确的目的性是产生恒心和毅力的根本基础。如果一个人做事的目的性尚不明确，何来恒心和毅力去忍受中途所受到的困苦呢？因此，男孩子无论做什么，都要清楚自己的目标，这是推动自身不断向前的动力。

拥有积极向上的心态，才能成功

积极向上的心态是成功者最基本的要素。

一个人有什么样的心态就会产生什么样的结果。每个人的命运其实都在于自己的把握，关键的是，看我们怎么去创造。心态是决定成功与失败的关键，而成功与失败往往是一念之间。虽然，有积极心态并不一定意味着成功，但是它会是我们最好的推动力，要是没了它，即便成功就在眼前唾手可得，我们也可能会停滞不前。

一位心理学家想知道人的心态对行为到底会产生什么样的影响，于是他做了一个实验。

首先，他让十个人穿过一间黑暗的房子。在他的引导下，这十个人都成功地穿了过去。

然后，心理学家打开房内的一盏灯。在昏黄的灯光下，这些人看清了房内的一切，都惊出了一身冷汗。这间房子的地面是一个大水池，水池里有十几条大鳄鱼，水池上方搭着一座窄窄的小木桥，刚才他们就是从小桥上走过去的。

心理学家问："现在，你们当中还有谁愿意再次穿过这间房子呢？"没有人应答。过了很久，有两个胆大的站了出来。

其中一个小心翼翼地走了过去，速度比第一次慢了许多；另一个人，走到一半时，竟趴下了，再也不敢向前移动半步。心理学家又打开房内的另外九盏灯，灯光把房里照得如同白昼。这时，人们看见小木桥下方装有一张安全网，由于网线颜色极浅，他们刚才根本没有看见。

"现在，有谁愿意通过这座小木桥呢?"心理学家问道。这次有八个人站了出来。

"你们为何不愿意呢?"心理学家问剩下的两个人。"这张安全网牢固吗?"这两个人异口同声地问。很多时候，成功就像通过这座小木桥，失败的原因恐怕不是力量薄弱、能力低下，而是由于周围环境的威慑。面对险境，很多人早就失去了平衡的心态，慌了手脚，乱了方寸。

我们面对的环境只有一个，态度却会有两种：积极和消极。推开同一扇窗户，一个人看见的是天上的繁星，另一个人看见的是地上的烂泥。

有这样一个小故事。一个指挥家正在演出，脖子上挂着一串观众献上的花环。每当他指挥一下，就会有几片花瓣飘落。一个人说最后他将站在一堆花瓣里，另一个人说最后他脖子上只剩一条绳子。这是多么鲜明的两种情境，体现的是迥异的两种态度。

同样一件事情，积极的人看到的是希望，消极的人看到的是迷茫。同样一个困难，积极的人想得是怎么克服，消极的人想得是怎么逃避。其实前一种和后一种就是一个人的两种态度。我们每个人不都是这样的么? 有时候豪情万丈，有时候低迷沮丧。我们以积极的态度去对待生活，生活就会回报我们积极的结果，反之也是这样。

遍布世界的迪士尼乐园以及迪士尼系列的卡通片、漫画书，不仅受到孩子们的最爱，就连大人们也有不少为之痴迷。而迪士尼王国的创始人沃尔特，当初却曾遭受过一次又一次的失败。

沃尔特·迪士尼年轻时想当一名艺术家，于是就到当地的《明星报社》去应聘。然而，报社主编说迪士尼的作品"没有思想"，拒绝了他。这令迪士尼万分沮丧，心灰意冷。此时，因为身上已经没有钱了，他不得不流落街头。

不久，迪士尼临时找到一个替学校作画的工作，报酬少得可怜，仅够勉强度日。迪士尼借用单位的废弃车库作办公室，辛勤地工作着。在艰难的生活中，迪士尼没有消沉，依然不忘自己的梦想，把空余时间全都用在了绘画上。

后来，迪士尼去好莱坞摄制一部卡通片，然而等待他的依然是失败。他又一次变得一无所有——既没金钱，也没职业。但这一切的穷困潦倒并没有使他气馁，也没有浇灭他的希望，他仍然坚持着自己的创作。

再后来，迪士尼画了一幅米老鼠的卡通画，鼓起勇气拿给好莱坞的一位导演看。导演看后大为惊奇，就录用了他。从此，米老鼠成为世界上家喻户晓的卡通动物，迪士尼也由此开始了自己辉煌的事业之路。

美国成功学大师卡耐基认为："态度是成功的决定因素"，他说："我确知世间男女有能力克服忧虑、恐惧，以及各种疾病。只要改变想法，就能改变人生。我百分之百确信。因为我亲眼看见这种转变不下数百次。多到不容我再有任何怀疑。"卡耐基所说的"改变想法"，其实就是改变人生的态度，积极投入而不是消极应付。

拥有积极心态的人处处都能发现成功的机会。强者对待事物，不看消极的一面，只取积极的一面。假如摔了一跤，把手摔出血了，他会想：多亏没把胳膊摔断；假如遭了车祸，撞折了一条腿，他会想：大难不死必有后福。强者把每一天都当作新生命的诞生而充满希望，尽管这一天有很多麻烦事等着他；强者又把每一天都当作生命的最后一天，倍加珍惜。

良好的心态，对我们而言有着十分重要的意义。保持良好的心态才会在逆境中崛起，保持良好的心态才能取得成功，从古至今概莫能外。积极的心态对我们而言有着十分重要的意义，有了它，我们的世界才会变得多姿多彩，相反，我们的世界就会黯淡无光。

所以，男孩子们，应该让自己始终保持积极的心态。当遇到困难时，要迎难而上，主动寻找解决方法；当受到挫折的时候，要正确地分析原因，重新开始；当受到老师或家长的批评时，要抛除抵触情绪，认真反思，找出自己的缺点并立即改正；当我们受到别人的误解时，要及时沟通，而不是让矛盾和意见肆意堆积。学会积极主动地与他人交流，为自己营造良好的人际关系，从而更好地协作，为自己未来的成功铺一条康庄大道。

哈佛精英历练要点

心态决定命运。一个人心态好的话，他的世界肯定充满阳光；若是心态不好，那么肯定是布满阴霾。所以，拥有好心态十分重要。那么，男孩子该如何培养自己的好心态呢？

1. 要心怀必胜、积极的想法。美国亿万富翁、工业家卡耐基说过："一个对自己的内心有完全支配能力的人，对他自己有权获得的任何其他东西也会有支配能力。"当我们开始运用积极的心态并把自己看成成功者时，我们就开始成功了。

2. 选择积极的环境。人们常用"近朱者赤，近墨者黑"来形容环境对一个人的巨大影响。积极的环境更容易使人成功。与优秀的人在一起，你也会变得优秀。当你遇到挫折时，他会安慰你，帮你找原因，最终帮你走向成功。当你因为成功而沾沾自喜时，他会提醒你，这只是万里长征的第一步，未来的路还很长，人生的意义在于不断的自我超越。总之，拥有积极心态的人，会把精力集中在如何解决问题上，而不是放在或悲或喜的情绪上。即便在困难面前，他们也会认为这是提升自己的契机。

摆正态度，化压力为动力

只有承受压力的重荷，喷水池才能喷射出银花朵朵。

美国康乃尔大学曾做过这样的实验，他们把一只青蛙突然扔进滚沸的油锅，在这生死存亡的关键时刻，这只青蛙居然奋力一跃，竟跳出油锅，安然逃生。过了一会儿，他们又把这只青蛙放到一口盛满水的锅中，青蛙游得逍遥自在；这时，他们悄悄从锅下加热，待到青蛙察觉出水温的提高危及生命时，它却再也没有了那一跃的力量，只能葬身锅底。

青蛙"油"里逃生的奇迹确实让人震惊，不得不佩服它的这种绝处逢生的能力。但更让人震撼的是青蛙在水中畅游转而葬身锅底。人们在感叹青蛙之余，是否想到自己。孟子曰："生于忧患，死于安乐。"言下之意是，要有忧患意识，自加压力，莫沉迷于安乐之中。青蛙从死里逃生，复又葬身锅底的过程，无不在告诉我们：若无忧患意识，必会被安乐蒙住眼睛，不知前进；只有拥有了忧患意识，才能化压力为动力，冲破安乐的囚笼，冲出困境的干扰，勇敢地向前走。

有压力未必有动力，这是青蛙给予的启示。人要化压力为动力，就必须拥有一种迎难而上、坚韧不拔、克勤克俭、顽强拼搏、不畏艰难、不怕牺牲，不达目的誓不罢休的精神风貌和道德品质，即艰苦奋斗精神。

在现实生活中，处处存在着压力，有时，压力犹如泰山压顶，使我们不堪重负，甚至被压垮。但我们要知道：没有压力就没有动力，机遇与挑战并存，压力与动力共生。莎士比亚曾经说过："压力是一柄双刃剑。"因此，我们要正确地对待压力，它可以使我们进步，反之，它将会成为我们失败的根源。

西方有一则寓言：上帝创造了一群鱼，把它们放到大海里，突然想起一个问题——鱼的身体比重大于水，鱼一旦停下来，就向海底沉去，沉到一定深度，会被海水的压力压死。上帝赶紧找到这些鱼，给它们一个法宝：鱼鳔。鱼鳔是一个能自己控制的气囊，鱼可以用增大缩小气囊的办法来调节沉浮。

可是，上帝没找到鲨鱼，想到鲨鱼必死无疑，他悲伤了一段时日。亿万年后，上帝想看看鱼们活得如何，就把它们统统聚集在一个水城，出乎上帝的意料——没装上鱼鳔的鲨鱼居然很健康，而且活成了海里的英雄！

上帝看着鲨鱼觉得很不可思议，于是就开口问它："天啊，这太让我意外了，你为什么没被海水淹死，活得这样好啊？"鲨鱼笑着说："上帝呀，这得感谢你！你当初不给我鱼鳔，我无时无刻不面对压力，不得不时时运动着，所以我练就了强壮的身体。"

上帝听后，明白了鲨鱼的话，然后笑了。

任何人在人生旅途中，无论在生活里，还是在工作中，都会有压力。有压力不一定会是一件坏事，因为有压力，才会有动力。俗话说："井无压不出油，人无压不成材。"压力是动力的载体，有压力才有动力，有动力才会有进步，有进步才会有发展；压力并不代表压迫和剥削自己，它就等于推动力，在助推你前进，要以你的能力调控它，承载压力产生动力时提升自主能力才是关键。

吴清源是日本棋坛的一位高手，曾多次登上棋坛霸主的宝座，可有一次竟败给了新手坂田。吴清源过后寻找失败的原因，发现自己参战时的心态与对手相反。他是为了保住名誉而战，处于被动"应战"地位，十分担心被新人打败。而坂田刚刚出道，不曾像吴清源那样获得过无数嘉奖和荣誉，因此只是全身心投入，并不患得患失，结果就在这种沉着、冷静、轻松的状态下打败了吴清源。

这件事对吴清源的触动很大。从此，他开始调整状态，以一个普通棋手的姿态向坂田"挑战"，这次果真转败为胜。

后来，有位新手与吴清源对弈，吴清源看出新手战战兢兢，十分紧张，就给他讲了一个故事：从前，山里有座山庙，里面住着老和尚和小和尚。小和尚到山下买油，端着油碗上山时，生怕油洒出来，双眼盯着油碗小心翼翼地走。到了庙里时，油还是撒了一半。老和尚笑着告诉小和尚：走路时别把注意力放在油碗上，像平常一样放松就行了。小和尚照办，结果一滴都没撒出去。

新手听懂了故事的含义，放松心情，轻装上阵，坦然面对吴清源的攻击，与他展开智慧的斗争，没想到这个新手竟胜了这位棋坛宿将。

自古以来，都是"物竞天择，适者生存"，如今社会的竞争更是激烈的、残酷的。我们都有自己的梦想，且我们都为这梦想而奋斗着，因此，我们有了自己的竞争对手。与此同时，我们也与压力相遇并从此形影不离了。

压力是一支强心剂，促使我们驾着生命的车轮，不断地快节奏地向上滚动，伴着我们在人生之书上写下辉煌的篇章。在人生大舞台上尽情展现自己的风采。试想，一个懒散没有压力的人是如何的堕落与沉寂。他只会为别人的成功而喝彩，而自己却一事无成，安于现状，任岁月蹉跎，在风尘中死去。

压力人人都有，关键在于我们怎么去对待。只有面对压力不畏惧，将它化为动力而奋力向前的男孩子，才能闯出一片属于自己的蓝天！

哈佛精英历练要点

生活中处处存在着压力，我们应该学会正确面对，学会调整自己，化压力为动力，才能让自己过好每一天。那么，怎样才能正确面对压力呢？

1. 首先要保持好的心态，积极面对难题，正确认识自己。男孩子要对自己的身体素质、知识才能、社会适应力等要有自知之明，尽量避免做一些力所不及的事情，或避免从事不适合自己的体力和精神的活动，引起不必要的压力。

2. 如果压力太大，可以学会自我调节，加强自身修养。男孩子应该以适当方式宣泄自己内心的不快和抑郁，以解除心理压抑和精神紧张。善于自我调节，有张有弛。具体的可以做感兴趣的事，如看电影、旅游、聊天，听音乐，释放压力，或是找个没人的地方大声地喊叫。这些都可以释放自己的压力。

3. 正面迎击压力。面对压力，有些人总是逃避、退缩，结果到头来反倒被压力压垮了，与其如此，倒不如学会正面迎击，化压力为动力，把眼前的问题解决。这样不但战胜了压力，还能让自己更上一层楼！

坦然面对失去

人之所以痛苦，在于追求错误的东西，你什么时候放下，什么时候就没有烦恼了。

在这个世上，很多人感觉伤心、难过，并陷在这种情绪中不能自拔，都是由于不甘心失去。面对失去，我们最无奈也最痛惜，只可惜一切都已经回不去。过去的事情没有办法回到原点，我们无论怎样去折腾自己，或者是折腾别人，那也只能作为情绪的发泄，但于事无补。

桑德斯先生说，他在布兰德医生那里学到了最宝贵的一课。他说："我十几岁的时候，已经开始心生烦恼了，我总因做错的事懊悔。考试一交完考卷，我就要啃手指，睡不安稳，担心考试通不过。我总想着已经完成的事，又总后悔当时没有用另外一种更好的方法，说过的话总是围绕耳旁，后悔当时没有换一种更好的说法。

"一天早上，在实验教室上课，我们老师的桌上放着一瓶牛奶，我们看着牛奶，不知道老师葫芦里装的什么药。突然，老师站起身来，把奶瓶一下推入水槽，并大声说：'不要为打翻的牛奶哭泣！'

"他让大家围在水槽边看着那些碎片，说：'看清楚！希望你们牢记本课。牛奶流走了，你只能看到它流入水管，我们无法再收回这些牛奶。如果我们能注意保护，也许可以保住牛奶。可是已经太迟了。我们只能忘了它，继续做另外的事。'"

桑德斯说："这次微乎其微的示范，深刻在我脑海。这给我带来的实际影响比高中四年的任何科目更有教育意义。它教导我们提前做好防范准备。可是一旦牛奶一去不返，就应该彻底忘了它。"

其实，我们都知道，世事已逝，再也无法改变，即使过去三分钟的事我们也无力改变，可是多数人都会因此烦恼。确切地说，为三分钟前发生的事进行改善还是来得及的，但已发生的那件事本身是再也改变不了的。

我们说作为每一个人，其实只要你愿意，你永远可以重新开始。你永远可以决定自己从什么境地走出来，走进一个新的天地，但是如果我们被过于负面的情绪制约住自己，那我们的选择就是多了一道障碍。

为打翻的牛奶哭泣，可以说是目光狭隘的一种表现，因为她看不到将来会有更多的牛奶，而只是为了过去的那杯牛奶难过。其实，如果你能够从过去走出来，去寻找新的办法和道路，那么你将得到的是更多的牛奶。

"回顾逝去的事情毫无裨益，只能使人加速衰老及引发胃溃疡。有一次感恩节，丹普西先生和他的朋友讲了如何与重量级拳王宝座擦肩而过的事。当然，对他来说，这么大的打击很伤自尊。比赛中，我忽然觉得自己开始衰退……到第十回合，我虽然还能坚持，但也只能如此了。"

"我的脸撕裂般痛苦，视线模糊……迷糊中我看到对手赢得了比赛……世界拳王的称号已经归人所有。穿过人群回到休息室时，有人握着我的手安慰我，有人眼含泪水为我遗憾。"

"一年后，当我再次与那位敌手狭路相逢对战时，我知道我无力挽回败局了，我的好时光已逝去。我很难控制自己不为此难过，但我对自己说：余下的时间不该为此烦忧，尽管这个打击不小，但我不会被它击倒。"

丹普西并没有为打翻的牛奶而哭泣，他接受过去的失败，并完全集中思想在计划未来上。他开始经营生意，先在百老汇开了一家餐厅，接着又在五十七街开了一家旅馆。他推行大奖赛，并举办拳击展览，在忙于这些有意义的事情时，他没有时间和心思去为过去烦恼。杰克·丹普西说："我的生活比当拳王的生活还丰富。"

丹普西说他读书不多，因此他没想到已无意中运用了莎士比亚的处世哲理："已逝的事情，聪明人不会放在心上作无谓的忧伤，积极想办法减轻伤害才是正事。"

人生是短暂的、宝贵的，要做的事情很多，完全没有必要在无法挽回的事情上浪费时间。有斤斤计较习惯的男孩子应该觉醒了，知道自己该干什么和不该干什么，知道什么事情应该认真，什么事情不必斤斤计较。如果明确了事情可以不认真，可以敷衍了事，那么就能节约出更多的时间和精力，认真地去做该做的事，而成功的机会和希望也会大大增加。与此同时，由于自己变得宽宏大量，人们就会乐于同你交往，自己的朋友就会越来越多，你获得的牛奶也就更多。

世间那些不可挽回的事情，那就别再为它伤脑筋好了。错误在人生中随时随处都有可能发生，有些错误是可以改正，可以挽救，而有些失误就不可挽回。面对人生中改变不了的事实，聪明的男孩自会淡然处之。

其实，人生的痛苦常常就是为"打翻了的牛奶"哭泣，常留心间，捧之不去。本来从容、豁达，行之不难，不是什么大智慧，现在却成了社会的稀有之物，成了大智慧，真让人三思。如果我们遇事总是斤斤计较，不能坦然面对，最终受伤害的只有自己。所以，从今天开始，我们应该告诉自己：做一个坦然面对失去的人吧，这样会令自己更加幸福！

哈佛精英历练要点

舍不得、放不下，而又回不来，这是最让人难受的。与其沉浸其中煎熬着，不如坦然面对，这样才能迎接更美好的未来。那么，男孩子该如何让自己坦然面对失去呢？

1. 学会忘记，重新开始。男孩子可以这样想：无论是什么事情，既然都已经发生了,那么后悔、埋怨、消沉都已经无济于事;如果不及时向前看,反而会阻碍新的前进步伐。所以,最好的办法就是尽快忘记它,然后重新开始。

2. 未来也许会更好。我们会为失去的东西而感到无法释怀的时候,其实是因为我们自身觉得那个东西太好了,所以我们舍不下。可是事情发生了,有什么办法呢? 想要尽快走出来,那么就要告诉自己:未来也许会更好呢! 现在失去的没什么可惜。总这样重复告诉自己,慢慢地,就能坦然面对这份失去,继而走向更美好的未来了。

第六章

行动课

　　有时候成功离我们很近，我们要学会去开启这扇门，而开启这扇门的钥匙，则是我们的行动。只有行动才能证明一切，只有行动才会有成功。也许你行动了并没有成功，但是可以肯定的是，不行动，绝对不可能成功！

不要总是等待明天

只知道等待明天的人，永远也无法将今天握在手里。因为你所等待的明天能够给予你的只有死亡和坟墓。

生活中，有太多的人习惯把要做的事情往后推。不知何故，我们总是相信以后还有很多时间，或者这件事在别的时间做会更容易些。但是，我们好像并没有更多的时间，而且，事情不及时处理，通常会更困难。

对一些人来说，拖延已经成为一种生活习惯。奥格·曼狄诺说："我从没遇到过一个喜欢把事情往后拖的人，或喜欢拖延结果的人，但我看见很多人在这么做。如果我们不喜欢它，也不喜欢拖延的结果，为什么我们总是那样去做呢？"

拖延对我们而言没有任何好处，更没有任何意义。世上有很多人因为拥有拖延的陋习而一事无成。因为习惯性拖延，已经扼杀了他们内在的积极性。

王明在大学毕业之后，应聘到一家企业做技术员，主要负责图纸的设计工作。他聪明伶俐，反应敏捷，可就做事喜欢拖拉。但他有自己的一套"拖拉哲学"，他认为把事情拖一拖没什么不好，最后关头由于时间限制，会大大提高效率，并且，越是在最后的紧急关头，精力越是集中，一气呵成地完成任务会有一种酣畅淋漓的感觉。

有一次，科长给他一个图纸的设计任务，让他三天内交图纸。本来他在两天内就可以轻松地完成，在他的"拖拉哲学"的影响下，头两天他若无其事地东逛逛，西转转，就是不下手。第三天，当他准备快速结束战斗的时候，单位停了一天多的电，所有的设计数据都在电脑里，结果，他被科长狠批了一顿。

科长摇着头无奈地说："这孩子啥都好，就是办事拖拉的毛病不好。你看，几次我提名让他当副科长，可是人事科考核的时候总是不过关，反馈的意见是：散漫拖拉，办事靠不住。多好的苗子，硬是让拖拉给拖下去了，真是没办法。"

现在的时光就是我们眼下的财富。如果我们能够完全沉浸于其中，便可得到一种美好的享受。因此，我们应该充分享受现在的每分每秒，而不必去考虑已过去的往日和自然到来的将来。抓住当下的时光，这是我们能够有所作为的唯一时刻。

歌德说得好："只有投入，思想才能燃烧。一旦开始，完成在即。"任何时刻，当你感到拖延的恶习正悄悄地向你靠近，或当此恶习已迅速缠上你，使你动弹不得时，你都需要用"拒绝拖延，现在行动"这句话来警醒自己，在一分钟之内让自己动起来。

美国影片《阿甘正传》荣获过 1995 年第 67 届奥斯卡最佳影片、最佳男主角等六项大奖，这部电影向我们讲述的就是主人公阿甘把握今天，从而创造了人生中一个又一个辉煌的故事。

阿甘是个智商只有 75 的低能儿。但是在母亲的关怀和鼓励下，他很早就走出了自卑的阴影，而是执着地把握着每天的生活。在学校里面遭到了同学的欺侮时，他用奔跑来排解气愤。

正是这种奔跑，使他顺利地跑进了一所学校的橄榄球场。在橄榄球赛中，他从不想自己是个低能儿，而只是在每场球赛中用最快的步伐甩掉对手。这种执着把他送进了大学，并成为大学的橄榄球巨星，受到了肯尼迪总统的接见。

阿甘从不想自己的明天会怎样，只是每天坚持做着自认为该做的事。而恰恰是这种放松的心态，成就了阿甘一个又一个的业绩：他先成为美国的乒乓球巨星，直接参与了中美两国的乒乓球外交活动，并受到了总统的接见；后来，他又成为一个捕虾公司的老板，成为百万富翁。有一天，珍妮回来了，在和阿甘共同生活了一段日子后，她又走了。阿甘突然觉得自己想跑，于是他开始奔跑，这一跑就横越了整个美国，他又一次成了名人。正是凭着这种只把握今天的执着，阿甘创造了自己人生的辉煌。

我们身边有很多人，总喜欢把事情拖延，要等到明天再去做，其实这不仅仅是懒惰的表现，而且是一种极不负责任的拖延。生命中的每一分钟都是值得珍惜的，谁知道一觉醒来你还会不会活在这个世界上。尤其是面对自然灾害，生命的脆弱展露无遗。纵使我们拥有再多的财富、再高的权位，又有什么用呢？"人是一棵有思想的芦苇"，说白了就是生命的脆弱。所以，如果你活在这个世界上，你应该感到庆幸。今天该做的事情，就要今天完成，不要拖到明天。那些理想、豪情壮志只是激励我们的一种方式，最重要的是把握眼前，把眼前的事做好，你才有可能达成梦想。

很多人喜欢把事情推到明天，可是这世上有无数个明天，总把明天当借口的人，是不会有什么成就的。真正能把事情做好的人，都会积极地活在当下。他们会把自己的生命尽情地展示出来，体现出应有的价值，证明自己活着的意义。因此，不要总去想明天会怎么样，即使明天来了，你的这种拖延的心理也会把事情拖延到下一个明天，日复一日，这种心态就形成习惯，难以更改，终究会误了自己一生。

活出真正的自己，把眼前的事情做好，这就已经对生命负起了责任。凡事要抓紧，今天的问题今天就要解决，不要拖到明天，把握现在，才有可能展望未来！

哈佛精英历练要点

在生活中，男孩子可能已经形成了拖延的恶习，这对未来的成长没有丝毫的益处。因此，有拖延恶习的男孩子们必须尽快改掉它。那么，男孩子具体该怎么做，才能改掉拖延的恶习呢？

1. 经常提醒自己，人生的时间是有限的、宝贵的。无论是人的身体还是思想，都是年轻时更有激情、更有创造力。哪怕是去旅游的快乐，都是年轻时感受的更好。但人的生命有限，时间短暂。每一天都要比昨天更老了。所以，趁着年轻，多做点事吧，不要等老了再做。

2. 提前做好计划，严格按照计划做事，保证进度。国家有五年计划、十年计划，公司有年度计划、季度计划，就连没有意识的太阳，都是严格的每天早出晚归，从不拖延。作为个人，由于没有更多的约束，更需要给自己制定计划，把要办的事情放在不同的时间点，逐个击破。有条不紊地执行，你会发现事情更容易完成了，再多也不会乱了。规划好每天该做的事情，尽一切办法当天完成。

3. 不要太过追求完美，先行动起来。很多人不是不愿动，也不是害怕困难，而是总是事事追求完美，总想一步到位，一次性就做到最好，总是在犹豫、想象，缺乏行动。这也是导致事情不能及时办完的常见原因，从而降低了执行力。所以，在对事情大概做出计划后，就可以行动了。在行动中，根据实际问题，结合现实做调整和改进。只有行动，才能实现一切。所以，先行动起来吧。

行动起来，拒绝懒惰

懒惰是万恶的源头，它可以很轻易地毁掉一个人，甚至一个民族。

强烈的激情可以控制自己，使自己具有很好的应变力，甚至超常发挥自己的优点，但安逸和温柔容易消磨人的意志。懒惰尽管柔弱似水，却常常在潜移默化中把我们征服。因为它总是会告诉我们"算了吧，别做了"，"放弃吧，我真不行"。懒惰会让我们不断给自己找借口，找理由，最后吞食和毁灭掉我们前进的激情和美德。

乔治·华盛顿 1732 年生于美国弗吉尼亚的威克弗尔德庄园。他是一位富有的种植园主之子，20 岁时继承了一笔可观的财产。优越的家境使他可以舒舒服服地度过自己的一生。可他没有这样做，在 16 岁时，毅然选择了艰苦，主动要求参加勘探队，到弗吉尼亚的大河谷去进行野外作业。白天，他和探险队员们顶着烈日，在河谷、土坡、丛林里穿行测量；晚上，只能在荒野里燃起篝火，裹着爬满臭虫的破毯子露宿。有时整天冒雨在泥泞的道路上行进；有时睡得正香，帐篷却被大风刮翻了。

一晃就是3年，艰苦的生活锻炼成全了他，19岁的华盛顿当上了少校级的副官长。他开始潜心地阅读军事著作，虚心学习武器的使用和战术的运筹。

后来，华盛顿积极参加了抗击英法的战争。在一次战斗中，华盛顿的军队刚开始处于劣势，伤亡很大。他的军衣被打穿四个洞，两匹马也先后被杀，而且他所在州经济匮乏，军官开不出薪饷，可他对这些全然不顾，志愿参战。不但没有薪饷，自己还要负担一大笔开支。为了全美人民的自由和胜利，他乐意干这种既破财还可能丧命的苦差事。最后他的队伍终于打败了敌人，而他本人也赢得人们的爱戴，后来他被推举为抗英独立战争的总司令，成为改变美国历史的第一个重要人物。

1789年，在美国建国后的第一次大选中，他以全票当选为美国总统。之后，又获得连任，但他拒绝蝉联第三次，这就形成了美国总统任期一般不超过两届的惯例。

任何人的成功不是偶然的，美国国父乔治·华盛顿的成功也是一样。艰苦的生活锻炼和勤奋成就了华盛顿。而惰性让人无所事事，一切都将凋零、衰退。我们可以把自己想象成一艘大轮船，懒惰只能使轮船停止运行直至停滞在水面上。这时，它只能随波逐流了。真是这样，懒惰犹如一潭死水，使你前进成功的脚步停止。那么，这样的人生还有什么意义可言呢？

凯乐出生在一个军人家庭。年少时，父亲经常出差在外，一个多月也难见上一面。虽然照顾凯乐的只有母亲和姨妈，但他还是成长为一个天性勇敢、自立自强的小孩。

凯乐9岁时，在他家附近有一个陆军兵团。凯乐经常到营地附近捉蚂蚱，久而久之，几个执勤的士兵和他成了好友，他们常常送给凯乐一些军中用品，比如陆军伪装钢盔、枪带和军用水壶……凯乐则让妈妈做一些美味的姜饼、点心，或者在他们休息的日子里，邀请士兵来家中吃一顿便饭。

一天，凯乐的一位士兵朋友说："嗨，星期天上午7点，我带你去船上钓鱼。"得到这个邀请，凯乐雀跃不已，高兴地回答："好极了，我好想去。我从来没有靠近过一艘真正的船，我总是梦想有一天我能在船上钓鱼。谢谢你！"

周六晚上不到9点，凯乐兴奋地和衣上床，为了确保不迟到，男孩儿还在随身带的挎包里塞了一双网球鞋。躺在床上时，凯乐激动得无法入眠，幻想着海中自由游弋的鱼虾在蔚蓝的海水中游来游去。凌晨5点，闹钟将凯乐叫醒。男孩走出卧房，备好渔具箱，带着备用的渔钩线，将钓竿上的轴上好油，又带了两份果酱面包和饮料。6点半，男孩就整装出发了。钓竿、渔具箱、午餐，还有满腔热情，一切就绪。男孩坐在家门外的路边，摸黑耐心地等待他的士兵朋友出现。

半个小时过去了，没见人影。凯乐不安起来。他看了看手腕上的电子表，又耐心地等了半个小时，还是没见人影。男孩开始失望。咬着牙一等再等，日上三竿，男孩儿明白了。

"看来，对方失约了。"

但是，凯乐没有因此对人的真诚产生怀疑或愤愤不平，也没有回到家里生闷气或懊恼不已。相反，他心中有一个声音告诉他：仅有愿望不足以得胜，要立刻行动，自己动手实现属于我的一切。想到这里，凯乐毅然站起身，拍拍身上的泥土，跑到附近的售货摊，花光自己帮人做零工所赚的钱，买了一艘单人橡胶救生艇。中午时分，凯乐才满头大汗地将橡皮艇吹满气。之后，他把这艘橡皮艇顶在头上，里面放着钓鱼的用具，来到河边。

傍晚时分，凯乐竟然神奇地钓上了一条鱼，看到鱼儿上钩时，男孩兴奋地享受了自己的果酱面包，又喝了一瓶甜甜的果汁，以示庆祝。这是男孩一生中最美妙的日子之一，在他看来，那是生命中的一大高潮。

凯乐经常回忆那天的光景，沉思学到的经验，即使是在 9 岁那样的年纪，他也学到了宝贵的东西：第一，只要鱼儿上钩，世上便没有任何值得烦心的事。而那天傍晚，鱼儿的确上钩了，虽然只有可怜的一条鱼。第二，士兵朋友虽未赴约，但对自己而言，那天去钓鱼是最大的希望，于是要立即着手计划，让自己的愿望成真。

想要自己的愿望成真，除了脑袋里满满的计划与构思，欠缺的就是行动了。所以，当我们真的有很想要完成的事情时，不用多想别的，自己就悄悄展开行动吧，这个行动的过程会让你充满的乐趣，结果也还能让你不甚满意，何乐而不为呢？

惰性就像你的手一样，伴着你来到世上，也伴着你离开世界，可谓形影不离。它会把一个很有潜力的天才变成一个庸人。但你切莫悲观地认为你身上的惰性比别人多，以至痛苦万分。即使坚强的巴顿将军，伟大的林肯先生都有惰性，只是他们能很好地应对、控制、打败它，因为他们有坚定的信念。

哈佛精英历练要点

懒惰的男孩子是不可能有所作为的。所以，有这种坏习惯的男孩子们应该让自己尽快改掉它。那么，男孩子如何改掉懒惰这个坏习惯呢？

1. 减少上网、玩游戏的时间。不知道男孩子们，你们有没有感觉待在网上，时间过得特别快呀。网络世界，精彩而有魔力，有你们想要的一切娱乐。很大一部分人，办事拖延，客观上是时间不够，其实是主观上先给自己开了绿灯。时间哪儿去了，上网、玩游戏、看视频占了大部分。所以每天给自己定一个严格的上网娱乐的时间，完全空闲的时候，可以适当延长一些。要知道先苦后甜，先累后玩。

2. 给自己足够的信心，相信自己一定可以。面对自己不熟悉、具有挑战性的事情时，人的正常反应都会有担心害怕的感觉，这是正常的。但有些人把这种担心给放大了，没有自信。总想着逃避，能拖就拖，结果迟迟没有行动。不要过分担心，即使做错了，也没有你想象的那么糟糕。你要相信别人可以做到的，你也一定可以。保持自信乐观的心态，这样往往更容易把事情办好。

主动，才能赢得一切

我们的事业、我们的人生不是上天安排的，而是通过主动争取获得的。

在这个社会上，一个人想要成功，就要通过自己的主动争取机会、努力拼搏实干才能达成。不能总是借口多多，这个不行，那个不对，因为这样会让成功离自己越来越远。我们要知道，人生在世，逃避无用，抱怨无用，指着别人那更是不牢靠，只有靠自己才稳当。所以，我们要学会给自己的未来寻找出路。若想成大事，就要靠自己。

一个19岁大男孩在中山市一家乡镇企业打工。一天，男孩从报上得知《中山电视报》招广告业务员。尽管他身高只有1.55米，初中毕业，而且不会说粤语，但他想，在城里打工肯定比在镇里有前途，他决定去应聘。

男孩的自信帮他闯过了两关。紧接着，他要"闯"报社老总这第三关了。男孩敲门，然后微笑着走进老总办公室，老总抬头看了他一眼后，便礼貌地请他出去。同样出于礼貌，男孩张了张嘴，但没说话，然后懵懵懂懂地走出办公室。

走出报社大楼，男孩就后悔了：从镇里坐了4个小时车才来到这里，难道机会就这样跟自己擦肩而过吗？尽管他不甘心，想再找老总，但想起老总对自己那不屑的眼神，又不由倒吸了口凉气。为了平衡心理，他只好自己给自己打气："自己长得又瘦又矮，一看就是外地人，而拉广告关系和形象都很重要，老板'轰'我出来，理所当然，你想想，哪个老板会养一个根本不可能带来业务的业务员呢？但如果我能说上一句话，给老总信心，老总就没理由不要我！"

想到这儿，男孩心平气和了许多，于是他第二次敲开了老总的门，老总一见又是他，便没好气地说："如果我没有看错，你一定是个外来人员，抱歉，外来人员我这里统统不要！"男孩从没见过这种阵势，几乎是本能的反应："你不给我机会，怎么知道我完不成任务？"

可老总根本不想听他解释："对不起，我现在很忙，请你出去。如果你还知道尊重人，请你随手关上门。"

老总的拒绝没有回旋余地，男孩第二次走出老总的办公室。坐在报社大楼门前的台阶上，男孩一边懊悔自己的惊慌失措，一边自我安慰："如果只表决心，而不能用事实证明你能行，凭什么要别人相信你！"

因为再一次鼓足了勇气，男孩的心情又变得豁然开朗。

为了壮胆，男孩在报社门口的小店里买了瓶矿泉水，"咕咚、咕咚"一口气喝了个底朝天。然后想好了台词，第三次敲开了老总办公室的门。这次没等老总说话，他首先开口："你们这份报纸办得很好，我原来的单位每年都订，可以说我经常看，我之所以来应聘，是因为只有好报纸的广告业务，才能给我发挥才能的空间，同时，这也是我放弃稳定的工作，来你们这里应聘的原因。"没想到男孩"傲慢"的恭维，一下子刺到了老总的神经，老总反问道："那你说说看，你原来是干什么的？凭什么让我相信你？"

男孩说："我当过保姆，干过流水线，还做过保险，而且都非常出色。"说完，男孩将两年前得到的"县保险十朵金花"荣誉证书递给了老总。

看着男孩的证书和不屈的眼神，老总终于被他的执着打动了，他拨通了人事部的电话："请你给这个小伙子安排住宿和晚饭！"

因为男孩自己给自己一个个小小的"台阶"，主动三次敲开老总办公室大门，所以最后才获得了成功。

文中的男孩正是因为主动为自己创造了机会，才找到了一份自己心仪的工作，最后才让自己的能力得以发挥，成就了自己的一生，可生活中有几个人敢像他这样呢？其实，主动一点又何妨呢？只要我们相信自己，那么还有什么是不可能的。

世界上任何一条路都是人自己开拓出来的，所以，不要忽视自己的力量。我们每个人的人生之路都需要自己去开拓。所以，不要让自己总是处于等待，积极一点为自己找出路吧！让我们带着自己的热情和勇气，为灿烂的人生打开一扇成功的大门！

生活中，有很多事情，都需要我们运用头脑中的智慧。有些时候，想要让自己把事情办好，想要让自己抓住机会，想要让自己取得最后的成功，那么就必须要主动一点，就像迈尔顿一样。

暑假将近，年轻的迈尔顿对爸爸说："爸爸，我不要整个夏天都向您伸手要钱，我要找份工作。"

父亲感到有些震惊，但仍然对迈尔顿说："好啊，迈尔顿，我会想办法给你找份工作，但恐怕不容易，现在正是人浮于事的时候。"

"您没有弄清我的意思，我并不是要您给我找工作，而是我要自己来找。还有，请不要那么消极。尽管现在人浮于事，但我还是可以找工作，因为有些人总是可以找到工作的。"

"哪些人？"父亲好奇地问。

"那些靠智慧主动争取机会的人。"迈尔顿回答说。

迈尔顿在"事求人"广告栏上仔细寻找，很快就找到了一份非常适合他的工作。广告上说，找工作的人要在第二天早上8点到达42号街。迈尔顿并没有等到8点钟，而是在7点45分就到了那里。然而，他却看到已有20个男孩排在那里，他仅仅只是队伍中的第21名。

怎样才能引起招聘主管的特别注意而使应聘成功呢？迈尔顿忽然灵光

一闪，立马便想出了一个办法。他拿出一张纸，在上面写了一些字，然后折得整整齐齐，走向秘书小姐，恭敬地对她说："小姐，请你马上把这纸条转交给你的老板，这非常重要。"

"好啊!"秘书说，"让我来看看这张纸条。"她看后不禁微笑起来。她立刻站起身来，走进老板的办公室，把纸条放在老板的桌上。老板看了也大声笑了起来，因为纸条上写着："先生，我排在队伍的第21位，在您没有看到我之前，请不要做决定。"

迈尔顿到底有没有得到这份工作? 答案当然是肯定的。一个机智的男孩总能把握住时机，使自己处于不败之地。处于第21的位置，按理说是没有什么优势可言的，但是善于动脑，积极主动让他轻松地战胜了占据有利地位的对手。

因为年轻，文中的迈尔顿才会有这种奇思妙想，能把老练的考官稳住。对于一个人来说，想法是最重要的，它可以让你有无限的创意，将不可能变为可能。

在这世上，我们每个人的存在都是有价值的，我们要想实现它，为这个社会做出贡献，就要勇敢为自己找出路，因为只有这样，才有更多的机会去创造人生的辉煌!

哈佛精英历练要点

在生活中，主动的人更容易把握到机会，也更容易抢在别人前头，从而让自己获得成功。所以，男孩子应该从小就培养自己主动的习惯。那么，具体该怎么做呢?

1. 给自己一点勇气。一个人倘若没有勇气的话，是不可能主动行动起来的。所以，男孩子如果想要自己变得主动一点，那么就必须培养自己的勇气，多多在生活中尝试、锻炼，才能变成一个主动的人。

2. 养成"现在就做"的习惯。在生活中，有些男孩子都是愿意逃避问题，所以遇到问题的时候，总是一拖再拖，这样的性格养成之后，就会变

得越来越不积极。想要改变现状的话，就应该让自己养成"现在就做"的习惯。这样时间一久，就会成为一个主动的人了。

人生，是一个不断奋斗的过程

人生的意义在于奋斗，而奋斗永无止境。

你的命运是由自己掌控，为了实现你的人生价值，请你选择与奋斗为伴。你要相信，没有人可以取代你。我们每个人的内心深处，都存在着一种潜意识，这种潜意识就是我们付出了什么，我们就会有什么样的收获，它直接决定了我们将来会取得什么样的成就。生活中，许多人都在抱怨命运不济，厌倦生活，他们的内心永远关闭着，甚至对亲人、朋友以及周围的世界。为什么会这样呢？这是由于他们没有看到自身的价值，他没有向亲人、朋友敞开心门，又怎么会获得新生呢？

在太平洋北部的海边，生活着一种大型的海鸟，它的名字叫信天翁。它属于漂泊性海鸟。它的长相很奇怪，鼻孔像管子，而嘴巴则在它的两侧。嘴巴尖端有钩，又细又长还很尖。也许就是因为它有着得天独厚的外部长相，才会更加方便在海洋中捕食。一些乌贼、浮游生物、小鱼小虾都是它捕捉的对象。它们没有停歇的时候，几乎终日都翱翔在海上。它的体长有一米多，当翅膀展开时会达到四米，信天翁是所有海鸟中展翅最宽的，正是这种翅膀，可以凭借海上强劲的风力，顺风向下滑落，当马上要接近海面时，又顺着风势旋即而起，向上飞去。它们可以连续很长一段时间，都保持着这种上上下下回旋飞翔的状态。可以看出，信天翁的翅膀是多么强劲，它可以排击相当大的风力，简直可以称得上是世界上最大功率的"滑翔机"。

如果有人看到它在海风中如此艰辛地觅食，可怜它，并由此产生同情心，将它带到没有海风的港口，带到平静的港湾去，那么就大错特错了。来到平静的地方，它们会变得无所适从，会有一种怅然若失的感觉，而且更会在极度的悲观与焦虑之中死去。

在它们的观念里，"我既然生出了一对翅膀，就应该是在大风大浪中翱翔的"。有一天，即使处在了优越的享乐环境中，它们也会有担心，因为信天翁的巨翅在这种平静安乐的生活里会渐渐退化，失去了它的功能。与此同时，也失去了立足之本，幸福之根。

虽然信天翁只是一种海鸟，它的智商并不高，然而它的生命哲学却让我们人类额首。

也许，我们面对困难的时候，会感觉到害怕。但是，享乐的漩涡更容易让人堕落于死亡之谷。无论是哪一种生物，也无论它有多么高级，都应该时刻保持在奋斗状态中，都应该保持飞翔的姿态。

记得有这样一则故事：有一次，一位重要人物准备对南卡罗来纳州一个学院的学生发表演说。这个学院规模不大，整间礼堂坐满了学生，他们为有机会聆听一个大人物的演说而兴奋不已。

演讲开始，一位女士走到麦克风前，扫视了一遍听众，说："我的生母是聋哑人，因此没有办法说话，我不知道我的父亲是谁，也不知道他是否还在人间。对我来说，生活陷入艰难之中，而我这辈子的第一份工作，是到棉花田去做事。"

台下一片寂静，听众显然都呆住了。

"如果情况不如人意，我们总可以想办法加以改变。"她继续说，"一个人的未来怎么样，不是因为运气，不是因为环境，也不是因为生下来的状况。"她重复着方才说过的话，"如果情况不如人意，我们总可以想办法加以改变。"

"一个人若想改变眼前充满不幸或无法尽如人意的情况，那他只要回答这样一个简单的问题：'我希望情况变成什么样？'确定你的希望，然后就全身心投入，采取行动，朝着你的理想目标前进即可。"

随后她的脸上绽出美丽的笑容："我的名字叫阿济·泰勒·摩尔顿，今天我以美国财政部长的身份，站在这里。"

多好的一句话："我希望情况变成什么样?"生活中，你有这样问过自己吗? 如果没有，那么现在问一下自己吧。人生，是掌控在我们自己手里的。想要让自己过得更好的人，必然会选择一条勇往直前、不懈努力的奋斗之路。

在人生的道路上，我们需要不断去拼搏，相信总有一天会成功的，即使没有达到理想的目标，我们也是成功的。诗人汪国真曾说过："也许你永远达不到那个目标，但因为这一路风风雨雨，使你的人生变得灿烂无比，变得充实无比。"

所以，男孩子们，无论何时何地，不要停止你们前进的脚步! 奋斗吧! 从现在开始!

哈佛精英历练要点

其实，人生就是一场不断奋斗的过程。因为奋斗，一个人的价值才能有所体现。男孩子应该永远怀着一颗奋斗的心来面对生活。那么，具体该如何去做呢?

1. 给自己树立一个远大的目标。每个人的人生都存在很多个目标，目标是一个人奋斗的动力，所以，男孩子应该给自己树立一个远大的目标，好让自己动起来，为了实现目标而努力、奋斗。

2. 做好眼前该做的事情。远大的目标可能距离我们还很遥远，需要我们一步一步地去努力，而一步一步地努力就是从做好眼前该做的事情开始的。男孩子可以在这个过程中丰富、提高和完善自己，等待机会的来临!

3. 做事情要学会坚持。奋斗就是一个不断积累、不断挑战的过程，肯定会有失败，肯定也会有坎坷，但是有准备、有自信的人，会懂得坚持下去，知道自己把事情坐好为止。做到这一点的男孩子，未来一定会有大的成就。

立刻行动，一定要先人一步

只有当你采取高速、高效的行动之后，才能够在残酷的竞争中拥有自己的一席之地。

美国著名成功学大师皮鲁克斯有一句名言："先人一步者，总能获得主动，占领有利地位。"有很多富有的大企业家并没有学过经济学，他们成功的关键在一个强有力的行动，一旦发现机遇，就能把机遇牢牢地抓在手中。

在《英国十大首富成功的秘诀》一书里，作者分析当代英国顶尖首富的致富秘诀时指出："是由于思想的能力，未来的成功，继续他们的决定，如果那就失之片面了。他们真正的才能在于他们审时度势后付诸行动的速度，这才是使他们出类拔萃、位居实业界最高、最难职位的原因。'现在就做，马上行动'是他们的座右铭。"

的确，行动把握机遇，机遇铸就成功，下面，我们来看这样一则故事：

在美国伊利诺伊州一个叫哈佛的小镇上，有这么一群孩子，他们经常利用课余时间到火车上卖爆米花，以赚取自己的零花钱。这其中有个十岁的孩子最惹人注意。经常坐这趟车的人几乎都认识他，他卖出的东西总是被乘客们抢购一空。

在车上，除了和其他的孩子一样吆喝，他还把奶油和盐拌匀后一起加到爆米花里面，这一简单的举动使他的爆米花更加美味可口。结果，总是上车没多久，他的爆米花就卖完了。他懂得如何比别人做得更好，更吸引乘客，创优使他成功。

当突如其来的大风雪封住了几列满载乘客的火车时，他又有了新的想法，赶制了许多很普通的三明治带上了火车。结果，即便他的三明治味道不是很好，也很快卖完了。他懂得抢占先机，抓住机遇使自己成功。

夏天来临时，他又很有创意地自己设计了一个箱子，在边上刻出一个小洞，刚好可以放蛋卷，并在中间放上冰激凌。结果，这种新鲜的蛋卷冰激凌倍受乘客的欢迎，小生意又火爆了一时。他懂得审时度势，创新使他成功。

其他的孩子，从一开始就跟在他的后面，这个火爆转卖这个，那个好卖又急着卖那个。一下子卖蛋卷冰激凌的孩子又大增，此时的他意识到生意很不好做了，就很干脆地退出了竞争。果不其然，小生意变得越来越难做了，而他又因及早退出免受了损失。

这则小故事其实就是告诉我们，凡事都要学会强占先机，先下手为强，什么事都能先人一手，以拉开距离，这样才永远处于领先的地位。

鬼谷子说："作战的方法贵在于制人，而不是受制于人。先制人就把握住了权柄，受制于人的人就会失败丧命。"要想制人，贵在抢得先机。抢先一步，就容易制人。落后一步，就容易受制于人。

楚霸王项羽说："先发就足以制住人，后发受制于人。"要想取得有利的先机，只有在先发中求取。所以，谋略的要诀，以先下手为首要，也就是古人所说的"制敌机先"的原理。先敌就不会随敌，制敌而不受制于敌，这是一大诀窍。

企业家李嘉诚就十分懂得寻找经营空白、开拓新兴市场的重要性，因而，他的经营决策很快落实到了行动中。当时，塑胶花风靡世界，在香港市场也是如此。

李嘉诚分析，塑胶花实际上是植物花的翻版，每一个国家和地区，所种植并喜爱的花卉不尽相同，而当时香港和国际市场生产的样品，太意大利化了，并不适合香港和国际大众消费者的喜好，因此，他根据时代的要求以及对消费者的调查结果，设计出全新的款式，而且要求自己的企业不必拘泥于植物花卉的原有模式，要敢于创新。

李嘉诚决定去国外考察，他跑了好些家花店，了解销售情况。他发现绣球花最畅销，立即买下好些绣球花做样品。当他考察回来时，随机到达的，还有几大箱塑胶花样品和资料。李嘉诚回到长江塑胶厂后，不动声色，只是把几个部门负责人和技术骨干召集到他的办公室，把带来的样品展示给大家。众人为这样千姿百态、栩栩如生的塑胶花拍案叫绝。李嘉诚宣布，长江厂将以塑胶花为主攻方向，一定要使其成为拳头产品，使长江厂更上一层楼。

产品的竞争，实则又是人才的竞争。李嘉诚四处寻访，重薪聘请塑胶人才。李嘉诚把样品交给他们研究，要求他们着眼于三处：一是配方调色，二是成型组合，三是款式品种。

李嘉诚明察秋毫，他认为塑胶花工艺并不复杂，因此，长江厂的塑胶花一旦面市，其他塑胶厂势必会在极短时间内跟着模仿上市。之所以会这样，是因为批量生产的塑胶花，成本并不高，因此，定价也不能高，价格一高，问津者必少。这种情况下其他厂家再一拥而上，长江厂的市场地位就难以稳定。所以，李嘉诚提出倒不如在"人无我有，独家推出"的经营策略上下功夫。在这一理念的指导下，长江厂的塑胶花在极短的时间，以适中的价位迅速抢占香港的所有塑胶花市场，一举打出长江厂的旗号，掀起新的消费热潮。卖得快，必产得多，"以销促产"，比"居奇为贵"更符合商界的游戏规则。这样，即使效颦者风涌，长江厂也早已站稳了脚跟，长江厂的塑胶花也深深植入了消费者心中。事实果真如此，李嘉诚走物美价廉的销售路线，大部分经销商都非常爽快地按李嘉诚的报价签订供销合约。有的为了买断权益，甚至主动提出预付50％的订金。

很快，塑胶花风行香港和东南亚地区。老一辈港人记忆犹新，几乎在数周之间，香港大街小巷的花卉店，摆满了长江厂出品的塑胶花。寻常百姓家、写字楼，甚至汽车驾驶室，都能看到塑胶花的倩影。而李嘉诚由于掀起了香港消费新潮流，使得长江塑胶厂由默默无闻的小厂一下子蜚声香港塑胶业界。

李嘉诚之所以能成功，就是因为洞察到先机，先人一步研制出塑胶花，填补了香港市场的空白。另外，由于李嘉诚不按物以稀为贵的一般道理卖高价，而是着眼于占领市场份额，因而才轰动了香港塑胶业界。所以天玄子说："策谋定略，得到天下先机的人取胜，落于天下之后的人失败。先动天下的人取胜，后动天下的人失败。"这是不可改变的原理。

永远都要先人一步，这是成功的秘诀所在。先人一步，可以让你获得主动的地位，从而占据更加有利的因素。机会虽然重要，但是对于机会的反应同样十分重要。当久久期待的机会来到自己面前的时候，反应敏捷的人可以捷足先登，而反应迟缓的人却还在人生的十字路口张望。但是，机会是稍纵即逝的，所以，当机遇出现时，我们一定要立刻行动，争取先人一步，这样才能让自己更靠近成功。

哈佛精英历练要点

在生活中，先人一步的人，就能获得更多的优势，抓住更多的机遇，从而使自己获得成功。男孩子应该培养自己先人一步的习惯。那么，具体该怎么去做呢？

1. 培养敏锐的观察力。男孩子拥有敏锐的观察力，才能够发现事情的微小变化，才能准确地把握到时机。所以，在生活中，没有敏锐观察力的男孩子，应该多多锻炼自己，这样以后在做事情的时候才能抢占先机，快人一步。

2. 要学会果断。做事情犹犹豫豫的，最会把好的机会给浪费掉。所以，男孩子除了要有敏锐的观察力之外，更要有果断做事的魄力，只有这样，才能够真正做到抓住眼前的机遇，先人一步。

想成功，就要敢于行动

想要成功也是一件非常容易的事情，那就是立即行动起来，马上着手去做。

美国著名的成功学大师马克·杰弗逊说："一次行动足以显示一个人的弱点和优点，能够及时提醒此人找到人生的突破口。毫无疑问，那些成大事者都是勤于行动和巧妙行动的大师。在人生的道路上，我们需要的是用行动来证明和兑现曾经心动过的金点子。"

勇敢行动起来，不要有任何的耽搁。要知道世界上所有的计划都不能帮助你成功，要想实现理想就得赶快行动起来。成功者的路有千条万条，但是行动却是每一个成功者的必经之路，也是一条捷径。

森尼大学毕业后如愿以偿地到了当地的《明星报》任记者。这天，他的上司交给他一个任务：采访大法官布兰代斯。

第一次上班就接到如此重要的采访任务，森尼不是欣喜若狂，而是愁眉不展。他想：自己任职的报纸又不是当地的一流大报，自己也只是一名刚刚出道、名不经传的小记者，大法官布兰代斯怎么会接受我的采访呢？同事克尔得知他的苦恼后，拍拍他的肩膀，说："我很理解你。让我来打个比方吧，你现在好比躲在阴暗的房子里，然后想象外面的阳光多么炙热。其实，最简单有效的方法就是往外跨出一步。"

克尔拿起森尼桌上的电话，查询布兰代斯的办公室电话，很快，他与大法官的秘书接通了电话。接下来，克尔直截了当地提出了他的要求："我是《明星报》新闻部记者森尼，我奉命采访法官，不知他今天能否接见我？"站在旁边的森尼听了吓了一跳，克尔一边打电话，一边向目瞪口呆的森尼扮鬼脸。接着，森尼听到了他的答话："谢谢你。明天1点15分，

我准时到。"

"瞧，直接向他说出你的想法，一切问题就都解决了。"克尔向森尼扬扬话筒，"明天中午1点15分，你的约会时间不要忘了。"一直在旁边看着整个过程的森尼面色平缓了许多，他终于明白，有许多事情其实很简单，只是我们自己把它想得过去复杂了，因此也就丧失了机会。

美国前总统罗斯福说过："我们唯一需要害怕的是害怕的本身。"恐惧的那些东西只不过是因为自己心中的畏怯，这导致我们在做一些新的事情就会犹豫不决，总是考虑失败了会怎样，我们把大部分的时间都放在往坏处想了。其实，只要转换一下思路，勇敢去行动就可以了，只要你行动了就有可能成功，但是如果你一直想前想后，左顾右盼，那么就永远不会成功了。

看看周围那些碌碌无为的人，他们大都是空想家，因为他们很少去着手行动，或者即使行动也很快懈怠，他们仅仅是梦想过卓越的成就、完美的生活而已。行动者一贯采取持久的、有目的的行动，他们往往具备有目的地改变生活的能力，通常能够成就非凡的事业。简单地说就是，心动不如行动，行动才能成功。

美国的百货业巨子约翰·甘布士极其简单地阐述了自己的成功经验："以最快的速度行动起来，把行动变成如同条件反射一样。"

在一次圣诞前夕，因为事业上的事情，甘布士临时决定要去纽约。由于没有预订，车站的票又已经卖光了，唯一的机会就是去车站碰碰运气，看是否有人临时退票，而这种事情发生的概率只有不到万分之一。然而，甘布士并没有因为得到车票的概率小就放弃。他积极地行动起来，欣然提了行李，来到车站，就如同已经买到了车票一样。结果，真的被他买到一张，一个女人的孩子病得很严重，因此她不得不退票。

行动起来才可能有所收获，不行动就一定没有收获的可能性。

有一次，由于经济萧条，很多工厂堆积了大量的货物卖不出去，最后他们为了处理掉存货，不惜把价格一降再降，甚至可以用1美元买到100

双袜子。许多人都说如果在这个时候把廉价货物囤积起来，等到经济回暖后再卖掉，一定可以大赚一笔。然而，或许是因为心存疑虑，或许是因为缺少资金，不管什么原因，确实没有人那样去做。当时，还只是一家织造厂小技师的约翰·甘布士却行动起来。他用自己的积蓄，甚至向别人借钱来收购低价货物。经济并没有如人们期望的那样很快复苏起来。人们都开始嘲笑甘布士，而甘布士对别人的嘲笑置若罔闻，依旧不停地收购各工厂抛售的货物，并租了一间很大的货仓来储货。他妻子看着甘布士"把血汗钱往河里扔"的举动担忧极了。随后，他们又看到，许多工厂由于廉价抛售也找不到买主，便把所有存货用车运走烧掉，以此稳定市场上的物价。妻子更是对甘布士抱怨不断，而甘布士仍然是一副成竹在胸的样子。

终于，美国政府采取了紧急行动，稳定了地方的物价，并且大力支持那里的厂商复业。这时，由于存货都被烧掉了，造成货物紧缺，物价一天天飞涨。约翰·甘布士马上把自己库存的大量货物抛售出去。一来得到了一大笔钱，二来使市场物价得以稳定，不致暴涨不断。就这样，甘布士赚到了人生的第一桶金。

看着甘布士从一个技师一跃成为有钱人，很多人都后悔当初没有像甘布士那样去做。

如今，甘布士已是全美国举足轻重的商业巨子，他在一封给青年人的公开信中诚恳地说道："亲爱的朋友，要想取得成就，就必须行动起来，做一个行动者。"

生活中，很多人都有做白日梦的习惯，然而美梦终归是要醒的，沉醉于空想之中会让你由逃避现实到与现实脱节，最后一事无成。请记住，在人生路上我们不仅需要一对幻想的翅膀，更需要一双踏踏实实的脚。

我们不要害怕行动，这世界没什么可怕的，可怕的是你没有立即行动。想一想，我们不都是从怕中走过来的吗？我们怕走路，怕摔跤；由于我们一直有"走天下"的渴望，加之妈妈的鼓励，一步一步地慢慢累积，我们不是走出了自己生命的天空吗？

一旦你已经开始行动，那么继续前进就不那么困难了，即使是看起来很棘手的事情你也要立即行动，千万不要等待和拖延，这样只会使你觉得越来越艰巨，越来越可怕。一旦你立刻行动起来，再难的事情也很容易。

哈佛精英历练要点

世上任何一分成功，都需要行动。不行动，一切都没有实现的可能。所以，男孩子在生活中应该提高自己的行动力。那么，具体该如何去做呢？

1. 充分准备。亨利·福特有一句名言："做好准备，是成功的首要秘诀"。充分准备，对于任何行动来说无疑是必需的。只有大弓拉满月，最后才能射出势大力沉之箭。准备充分才能把握机遇。

2. 学会给自己鼓励。一个人在行动之前，要学会给自己鼓励，这样才能激发内心的勇气，让自己快速地投入到行动之中。

3. 坚持到最后。胜利就存在于每次都要"坚持住最后五分钟"，行百里者半九十。在选好目标和行动方向之后，剩下的事情就只有坚定不移地向目标前进。把做的事情做到底，才不会让行动白费。

果断行动，抓机遇

优容寡断最大的危害就是耽误战机，错失成功的机遇。

人生的道路上我坚信通过自己的努力会等到机遇的，可最美妙的机遇是有捷径的，作家梁晓声曾经道出了一些幸运儿成功的绝密，他说："有的人搭上机遇的快车，顺风而行；有的错过于它，终身遗憾；有的一生都未能实现，默默地埋藏自己才华。"

一味追求机遇，守株待兔，坐等待毙，凡是靠机遇成功的人，并不都值得羡慕和青睐，被发现的不见得都是人才，可有才华的人却未被发掘。天赐良机不可失，坐失良机更可悲，一个人要学会创造机遇，用自己的聪明才智勤奋努力，不断进取，踏踏实实地耕耘，才能获得成功。

英国细菌学家费莱明，童年时就爱好探问事情的究竟。有一次，他跟母亲去医院探望一位病人，他见到医生就问一连串的问题。医生看他聪明伶俐，便回答了他提出的问题，最后说道："孩子，人们还没有详细研究过的病症多得很呢?"这句话给费莱明留下了深刻印象，他暗暗下定决心，长大了要当医学家，专门对付那些没有研究过的病症。

费莱明长大后，果然攻读医学，大学毕业后，他进圣玛丽医院从事疫苗的治疗研究。"还没有详细研究过的病症"一直在他的脑海中想着。特别是其中的传染病症，期望能找到一种杀灭病原菌的方法。他在实验观察中偶然发现青霉素的分泌液能杀葡萄球菌。从此人类的传染病症有药可救。费莱明发现青霉素，似乎是非常偶然的，但都是他细心观察的必然结果。

在人的一生中，机遇不可能一次也不会降临，人们的生活中间到处存在着机遇，只要你留心它，就会发现机遇，抓住机遇。当机遇敲门的时候，如果你还在不断犹豫着要不要起身开门，那么它就会转身去敲别人的门了。

能否善于抓住机遇，是一个人成功与否的重要条件。机遇往往是偶然的，稍纵即逝。因此，要抓住机遇，就必须有一个精明的头脑详细地研究，细心地观察，捕捉机会。费莱明的故事就证明了这一点。不过，除了详细地研究，细心地观察捕捉机遇之外，还要有勇气和决心参加实践去抓住机遇。

今天，当人们谈起美洲的时候，总忘不了第一个发现美洲的人——哥伦布。

哥伦布是历史上著名的航海家，他出生于意大利热那亚，从小就向往着海上航行，尤其喜欢读《马可·波罗游记》。

马可·波罗是意大利威尼斯人，著名的旅行家，他的足迹遍及中国、缅甸、印度。他的著作《马可·波罗游记》出版后，很快就销售一空，成为畅销书。《马可·波罗游记》生动地描述了中国、印度等这些东方国家。在他的眼里，这些富庶的东方国家简直是"黄金遍地，香料盈野"。通过阅读《马可·波罗游记》，哥伦布一直幻想有朝一日能够远游世界，去亲自游历那诱人的东方乐园。

当时，人们都是通过欧洲大陆来到东方。可是，到了哥伦布时代，由于欧洲大陆受土耳其人和阿拉伯人控制，不易通过，于是，人们的目光自然而然地转向茫茫无际的蔚蓝色的大海。要是能够从海上航行到达东方，该有多好！为此，哥伦布特地请教了意大利的地理学家，得知沿着大西洋一直向西航行，也能抵达东方。

于是，哥伦布制定了一个远航计划，希望能够得到封建君主们在财力、物力、人力上的支持。首先，葡萄牙国王拒绝了他的建议；接着西班牙王后召见了哥伦布，表示出对远航计划的兴趣，但没有给予实质性的答复。一直拖到1491年底，西班牙国王斐迪南二世才接见哥伦布。经历了几番周折之后，他总算答应支持哥伦布远航。不过，所有的水手都不愿随哥伦布远征，他们都担心在半途中葬身鱼腹。后来，国王只好从刑事犯中挑选了一批人给哥伦布当水手。另外，国王给了哥伦布几艘破旧的帆船。

1492年8月3日清晨，哥伦布带领87名水手，驾驶着3艘帆船，离开了西班牙的巴罗斯港，开始了人类历史上第一次横渡大西洋的壮举。没有鲜花，没有礼炮，没有隆重的欢送仪式。谁也不知道茫茫无际的大西洋上，等待着这批由囚犯组成的船队的究竟是什么样的命运。

海上的航行生活并不浪漫，相反，显得十分单调而乏味。水连着天，天接着水，水天一色，茫茫无根。在原始的大自然中，人类显得异常单薄、无助，甚至有些力不从心。就这样，在海上漂泊了一天又一天，一周又一周，水手们开始沉不住气了，吵着要返航。要知道，那时候的大多数人都认为地球是一个扁平的大盘子，再往前航行，就会到达地球的边缘，帆船就会坠入深渊！

但是，哥伦布是一个意志坚定的人，他决不会让他苦心组建的船队半途而废，留下终生遗憾。他坚持继续向西航行，有时候，他甚至不得不拔出宝剑，强令水手们向前，再向前。

在茫茫的大海上苦熬了两个月之后，命运终于出现了转机。1492年10月11日，哥伦布看见海上漂来一根芦苇，他和水手们高兴得跳了起来！有芦苇，就说明附近有陆地！果然，11日夜间，哥伦布发现前面有隐隐约约的火光。12日拂晓，水手们终于看见一片黑压压的陆地。顿时狂欢声如雷响起！

在海上航行了2个月零9天之后，哥伦布他们终于到达美洲巴哈马群岛的华特林岛。哥伦布把这个岛命名为"圣萨尔瓦多"，意即"救世主"。哥伦布踏上了他当时误认为是"印度群岛"和"日本"的新大陆，并在美洲游历了一番。让他失望的是，这里并不像马可·波罗描述的那样富饶。

1493年3月15日，哥伦布把39个愿意留在新大陆的人留在那里。把10名俘虏来的印第安人押上船，返回了西班牙巴罗斯港。回来以后，哥伦布顿时成了人们心目中的英雄。

哥伦布敢于行动，于是抓住了机会，由此可以看出，一个人如果缺乏敢冒风险的勇气，就不会有成功的良机。其实，在哥伦布之前，任何人都有发现新大陆的可能，然而他们之所以终究没有发现新大陆，就在于没有去实践。哥伦布这样做了，所以，他成功了。

我们每个人都活在充满机遇的世界里，只要你平时注意加强知识的积累，敢为天下先的创造意识和勇气，把握时机。那么你就会不断获得事业的成功，有道是："机不可失，时不再来。"只有拿出勇气，果断行动去抓机遇，你才能成为捕获成功的幸运者。

哈佛精英历练要点

人人都想抓住机遇，成就自己。但机遇是可遇不可求的，所以男孩子在遇到机遇时，一定要努力把握才行。那么，男孩子到底怎样才能行动起来，让自己抓住机遇呢？

1. 首先要认识到机遇是可遇不可求的。调整好自己的心态，清晰地意识到我们的知识储备、能力提升是为了不断地完善自我，而不是纯粹为了等待机遇。这样做有两个好处，第一会不断地督促自己上进，第二当机遇来临时会有意外收获之幸福感。

2. 踏踏实实做好每件事，认认真真过好每一天，准备好抓住机遇的主观条件。生活无小事，烦琐的小事更能锻炼人的细微能力，大事也是由无数的小事构成的，认真细致地做好每一件小事，才能轻松完成大事。

3. 学会自我展示、自我推销。当机遇没出现的时候，男孩子应该主动地为自己去寻找机遇，创造机遇，而具体的方法就是自我展示、自我推销。

行动起来，不为自己找借口

永远不为自己找借口，找寻内心的自我，对自己负责。

美国西点军校，世界闻名，迄今已培养出了 22 位总统、370 多位将军。就是在这个声名赫赫的军事院校里有一个久远的传统，那就是只要遇到学长或军官的问话，新生只能有四种回答："报告长官，是！""报告长官，不是！""报告长官，不知道！""报告长官，没有任何借口！"除此"标准答案"，再不能多说一个字。

譬如学长问："你认为你的皮鞋这样就算擦亮了吗？"你的第一反应必定是为自己辩解，什么鞋油不够用啦、什么不小心让人踩脏啦，等等。可是这样的回答不符合规范答案的要求，所以你只能说："报告学长，不是。"学长要问为什么，你最后也只能无可选择地答："没有任何借口。"

正是这个"没有任何借口",引导一代又一代的西点人逐步由不自觉到自觉、由不自然到自然地认忍和接受一切近乎苛刻的训练与管理,成为素质优良、世人称许的合格军官。

相形之下,我们许许多多的人、许许多多的事恰恰是有了太多的借口,一个又一个堂而皇之的借口编织了原谅自我和存在合理的误区,以致轻易地滑过了一次又一次"改正、改善、改造"的机会。

在原始森林中,住着许多鸟儿。这些鸟儿欢快地歌唱,辛勤地劳动,过着快乐的生活。在这些鸟儿中有一只叫作寒号鸟的小鸟,它有一身美丽的羽毛和婉转嘹亮的歌喉。为了卖弄自己的羽毛和嗓子,它到处游荡,四处炫耀。看到其他的鸟儿辛勤地劳动,它嘲笑不已。好心的邻居们提醒它:"寒号鸟,赶快垒个窝,不然冬天来了怎么过呢?"

寒号鸟轻蔑地说:"冬天还早着呢,急什么啊!你们还不趁着今天大好的时光,快快乐乐地玩耍呢!"

就这样,时间一天天过去,转眼冬天来到了。其他的鸟儿晚上都住在自己温暖的窝里安详地休息,而寒号鸟却在寒风中,冻得瑟瑟发抖,此时美丽的歌喉再也婉转不起来,它只能在寒风里哀号:"多罗罗,多罗罗,寒风冻死我,明天就搭窝。"

可是,第二天,当太阳出来,万物苏醒。当它沐浴在温暖明媚的阳光中,寒号鸟又忘记了昨天晚上的痛苦,又快乐地歌唱起来。

其他鸟儿善意地规劝它:"快垒窝吧!不然晚上又该受罪了。"

寒号鸟不以为然地嘲笑说:"一群不会享受的家伙!"

很快,晚上又来临了,寒号鸟又重复前一天晚上的故事。就这样日复一日又过了几个晚上,大雪突然降临,鸟儿们奇怪怎么听不见寒号鸟的哀号声呢?太阳出来了,大家寻找一看,寒号鸟早已被冻死了。

这虽然是一个童话故事,但是却寓意深刻,它说明了在人的一生中,不找借口,不拖延是多么的重要。

许多杰出的人物都富有开拓和创新精神,他们绝对不在没有努力的情况下就事先找好借口。而那些失败的人之所以陷入失败的困境，就是因为他们总是事先找出各种借口为自己开脱。平庸的人之所以沦为平庸，是因为他们总是搬出种种理由来欺骗自己。而成功的人，一门心思考虑的是如何千方百计来解决困难，绝对不给自己找半点让自己退缩的理由和借口。不给自己找借口，是每个人走向成功的通行证！

人性最大的弱点就是为自己找借口，无论是什么事，还没做，就为自己找推脱的理由，做了，没成功，又为自己找各种客观的理由，其实这只是自我安慰的借口，减少自己的心理负担，这更是对自己的一种不负责任。

曾经有两个年轻人，投资生意失败了，都感到生活的压力太大了，没有希望了，他们向对方互诉苦水，他们的对话被一个年长的老翁听到了，他走过来说，

老翁："年轻人，你们知道自己失败的问题出在哪吗？"

年轻人滔滔不绝地说出了各自的理由。

老翁：听了之后，摇了摇头说："我问你们几个问题，你知道穷人最多的是什么吗？"

年轻人："穷人有什么呢？"

老翁："那你知道成功人士最多的是什么吗？"

年轻人："是钱！"

老翁：你们知道自己最多的是什么吗？

年轻人：时间！

老翁：错，你们都答错了，你们从头到尾最多的就是借口，失败的原因不是因为你不行，不是因为你没能力，而是因为你们为自己找了太多的借口，而成功人士最多的是方法，他们从不为自己的失败找借口，而是找失败的原因，寻找解决问题的方法。

年轻人听了之后感到无地自容，更为自己的行为感到羞愧，对老翁说，我知道该怎么做了……

在现实生活中，很多男孩子都跟上面的两个年轻人一样，在自己做不好事情、完不成任务时总是喜欢把借口当作敷衍别人、原谅自己的"挡箭牌"，宁愿花时间、耗精力去找借口来逃避责任，也不愿花同样的时间、精力去努力做事，把"这事不该我管"、"不是我不想做"、"我已尽力而为了"、"等等再说"之类的借口作为掩饰个人弱点、推卸责任的"万能器"。

习惯找借口的男孩子，无非是想掩盖自己的过失和失职，求得别人的理解和原谅，实质上是推卸责任。这只能让自己暂时甩开包袱和担子，得到身心的轻松，让自己暂时逃避责任和义务，获得了心理的平衡。却不知"阴雨天背稻草，越背越重"，"小洞不补，大洞吃苦"。

一个男孩子若是习惯了为自己去找借口，那么自身的责任心就会降低，就会疏于努力，就会渐渐失去做事的动力，不再想方设法争取成功；同时也会渐渐失去忠诚和自信，降低热情和激情，减弱危机意识和忧患意识，失去竞争力。找借口的结果是百害而无一利的，因此，男孩子们，要学会摆脱借口的束缚，勇敢地行动起来。

哈佛精英历练要点

凡事都爱给自己找借口的男孩子，根本做不成什么大事。想让自己未来的人生走得更好，就应该避免借口，让自己多多行动。那么，男孩子该怎么改掉找借口的毛病呢？

1. 让自己的情绪变积极。人情绪不好的时候，哪有什么心情去做事呢。所以，男孩子应该想尽办法去调动自身的积极情绪，只有这样，才能让自己迅速行动起来。

2. 拒绝"我不行"之类的口头禅。人的行为是受到心理因素影响的。如果我们常常把"我不行"、"我做不到"等一系列的话挂在嘴边的话，就会给我们一种消极的心理暗示。时间久了，我们对自我的评价就会降低，自然就更不敢去行动了。

3. 多锻炼自己的行动力。有些男孩子不是情绪不好，也不是没有信心，而是太懒了，所以没有办法行动起来。这样的男孩子在生活中应该尽量给自己找一些事情去做，并坚持把事情做完、做好，慢慢地，遇到需要行动的事情，就不会给自己找那些多余的借口，而是会主动地行动起来了。

第七章

自律课

　　什么是自律？自律，指在没有人现场监督的情况下，通过自己要求自己，变被动为主动，自觉地遵循法度，拿它来约束自己的一言一行。自律，是一个人成功必要的条件，所以，我们必须要重视。

培养自己的好习惯

一个好习惯的养成会让你终身受益，坏习惯则会让你时常遭受折磨。养成一个好习惯只需要你长期的坚持和自律，换来的却是无价的珍宝。

当人一味追求快速成功，渴求拥有大智慧时，往往忽略了良好的习惯才是步向成功的钥匙。好习惯一旦形成，它就极具稳定性。心理上的行为习惯左右着我们的思维方式，决定我们的待人接物；生理上的行为习惯左右着我们的行为发生，决定我们的生活起居。世界著名心理学家威廉·詹姆士这么说的："播下一个行动，收获一种习惯；播下一种习惯，收获一种性格；播下一种性格，收获一种命运。"

1978 年 75 位诺贝尔奖获得者聚会巴黎，有人问他们："你在哪里学到了你认为最重要的东西？"白发苍苍的学者出人意料地回答："在幼儿园。"又问："在幼儿园您学到了什么？"学者回答："比如，把自己的东西分一半给小伙伴们；不是自己的东西不要拿；东西要放整齐；饭前要洗手；午饭后要休息；做了错事要表示歉意；自己的事情自己做；学习要多思考，要仔细观察大自然。我认为，我学到的全部东西就是这些。"科学家普遍都认为在学校养成良好习惯让他们终身受益。

由此可见，好的习惯对一个人的成长而言是十分重要的，它可以让人的一生发生重大变化。满身恶习的人，是成不了大气候的，唯有具备好习惯的人，才能实现自己的远大目标。

托尔斯泰六七岁开始，就养成了写日记的好习惯，把每天把有趣的事情记下来。九岁的时候，他专门记了一本《外祖父的故事》，里面记满了外祖父打仗时的非凡经历和有趣故事，他还喜欢收集激励自己的名言警句，记了满满一本子。某种意义来说，看似平凡的日记是造就他一代文豪

的重要因素。对托尔斯泰来说，写日记是创造的源泉，是重要的课题。

托尔斯泰在日记中曾记录自己的不足，并积极反省，其中包括优柔寡断、自欺欺人、急躁、撒谎、羞耻心、神经质、混乱、模仿心、善变、轻率等。跟所有普通人一样，他一直在苦恼和人类痛苦之间挣扎。

托尔斯泰对自己要求严苛，一次，他制订如下计划：一、决心做的事情一定要付诸行动；二、行动时必须全力以赴；三、将从书本学到的知识完全变成自己的知识，以至于不需要再翻看书籍；四、进一步拓宽知识面；五、随时随地大声朗读。

托尔斯泰曾在故乡自学两年，每当自己没有完成计划时，他都会进行一场无情的自我批评，然后重新制订学习计划。这期间，托尔斯泰阅读了近三百本学术著作，学习了近五百本有关文学、宗教、音乐、绘画等方面的书籍。

后来，他开始渐渐养成了收集名言警句的习惯，逐渐发展到把自己关在书屋里，终日与书为伴，专心读后，最终开始自己创作。丰富而深厚的积淀使他的文学作品传到各地，他成了俄国著名小说家，也成了一代伟大思想家。他书写下的文字感动了一代又一代人。直到他离开人世，他还是始终坚持着这些好习惯。

托尔斯泰的好习惯成就了他的好人生。由此可见好的习惯会使人成功，相反，坏的习惯则会叫人一事无成，甚至身败名裂。懒于春耕的农民，能有五谷丰登的秋天吗？懒于读书的学生，将来能成为科学家、文学家吗？懒于参加体育锻炼的运动员，能在国际比赛中夺得金牌吗？不能，绝不可能。还有极少数人染上了盗鸡摸狗的坏习惯，从而走上了犯罪的道路。

马克思曾说过："良好的习惯是一辆舒适的四驾马车，坐上它，你就跑得更快。"这就形象地告诉人们，要想在事业上取得成功，就必须有好的习惯，它能使人更快地达到目标，更好地实现理想。

其实，习惯不仅影响一个人的日常生活，它有着更为强大的力量。正如拿破仑·希尔所说："习惯能成就一个人，也能摧毁一个人。"美国前富豪保罗·盖蒂对此有深切的体会。

据说，盖蒂抽烟很凶。有一天，他开车去度假，路过法国，那天正好下着大雨，地面特别泥泞，开了好几个钟头的车子之后，他在一个小城里的旅馆过夜。吃过晚饭，他到自己的房里休息，很快便进入了梦乡。

盖蒂清晨两点钟醒来，想抽一支烟。他打开灯，伸手去找他睡前放在桌上的那包烟，结果是空的。他下了床，搜寻衣服口袋，结果毫无所获。他又查看自己的行李，希望在其中一个箱子里，能发现他无意中留下的一包烟，结果他又失望了。他知道旅馆的酒吧和餐厅早就关门了，心想，这时候要把不耐烦的门房叫过来，太不堪设想了。他唯一能得到香烟的办法是穿上衣服，走到火车站，但他至少要走过6条街。

情景看来并不乐观：外面仍下着雨，他的汽车停在离旅馆尚有一段距离的车房里；而且，别人提醒过他，车房在午夜关门，第二天早上6点才开门；而且能够叫到计程车的机会也几乎为零。

显然，如果他真的这样迫切地要抽一支烟，他只有在雨中走到车站。要抽烟的欲望不断地侵蚀着他，于是他脱下睡衣，穿上外衣。他衣服都穿好了，伸手去拿雨衣，这时，他突然停住了，开始大笑，笑他自己。他突然体会到，他的行动多么不合乎逻辑，甚至荒谬。

盖蒂站在那儿寻思：一个所谓的知识分子，一个所谓的商人，一个自认为有足够理智对别人下命令的人，竟要在三更半夜离开舒适的旅馆，冒着大雨走过好几条街——仅仅是为了得到一支烟。

盖蒂生平第一次注意到这个问题，他已经养成了一个不可自拔的习惯，他愿意牺牲极大的舒适，去满足这个习惯。这个习惯显然没有好处，他突然明确地注意到这点。他很快清醒过来，片刻就作了决定。他把那个仍然放在桌上的烟盒揉成一团，丢进废纸篓里。然后脱下衣服，再次穿上睡衣回到床上。带着一种解脱，甚至是胜利的感觉，他关上灯，闭上眼，听着打在门窗上的雨点。几分钟之内，他就进入了一个深沉、满足的睡

眠中。

自从那天晚上后他再也没抽过一支烟，也没有抽烟的欲望。

盖蒂说，他并不是利用这件事指责香烟或抽烟的人。他时常回忆起这件事，仅仅是为了表示，对他而言，被一种不良习惯制服，已经到了不可救药的程度，还差一点成为它的俘虏！

叶圣陶先生说过："好习惯养成了，一辈子受用；坏习惯养成了，一辈子吃它的亏，想改也不容易。"习惯伴随着人的一生，影响人的生活方式和个人成长的道路。习惯对人极为重要，从某种意义上说，"习惯是人生最大的指导"。

因此，男孩子们应该努力培养自己的好习惯，而改掉自己的不良习惯，这样才能有益于未来的成长与发展。

哈佛精英历练要点

好习惯才能成就好未来。因此，男孩子必须要重视自己身上的习惯培养。那么，怎么样才能帮助男孩子培养一个好习惯呢？

1. 坚持一个月。30 天已经足够让你培养一个永久不变的好习惯了。时间太短则不能根植到你的大脑内，形成长久的习惯。若坚持时间很长但仍然失败往往是由于失败的策略，因为这时候时间的长短并不再是决定性因素。

2. 改掉坏习惯，形成好习惯。每个人身上都会有坏习惯，当改掉一个坏习惯，就会形成一个好习惯。但要改变坏的习惯，就不能贪多，而是要集中于改变一个坏习惯。一次改掉多个习惯的企图，势必分散我们的精力，并彻底毁掉我们改掉坏习惯的能力。

3. 制定明确的目标。"每天早起"是一个明确的目标吗？答案是否定的，早起是什么定义，八点还是九点？明确你的目标，将它换成"每天 7 点起床"或者"每天早起 10 分钟"效果一定更好。

4. 做每周回顾。回顾自己在过去一周取得的进展，遇到的问题。解决问题，体验你的收获，给点小小奖励。做得好，就继续坚持，集中于目标。

学会自我管理

谁也不能随随便便成功，它来自彻底的自我管理和毅力。

"自我管理"听起来是个大词，细说起来，却并不难。古语说，"没有规矩，不成方圆。"那意思是，无论形态如何，总是要有一定的规则和模式。任何一个组织：学校、公司、单位、社会，总需要这样或那样，硬性或柔性的规则来约束，才能维系，才不会散架；但是个人的生活，往往在这方面有所缺乏，所谓"自我管理"，可以理解为，认识、培养、建立、维护自己生活的规则和模式，然后才能让自己的生活变成某种样子。

李嘉诚先生曾经说过："自我管理是一种静态管理，是培养理性力量的基本功，是人把知识和经验转化为能力的催化剂。"从这个意义上说，自我管理既是一种自我完善，也是一种自我激励，更是一种自我实现。对任何人来说，自我管理是做好其他一切事情的基础。

宋代有个和尚叫道清，他参禅多年，但仍未悟透其中的奥秘。有一天，师傅派他出远门办事，他非常不愿意，便向同门寻求帮助，出于同情，同门愿与道清一同前往。

一天晚上，道清向同门诉苦自己久参而不能悟道的苦恼，并求同门帮助，同门说："我能帮你的事，尽量帮助你，但有五件事我无法帮助你，必须由你自己来做。"道清忙问："是哪五件?"同门说："当你肚饿口渴时，我不能代你吃饭喝水；当你大小便时，你必须自己去，我一点也帮不上你。最后，除了你自己之外，谁也不能拖着你的身子在路上走。"

半年后，道清回到了寺庙。师傅在半山亭远远地看见他，高兴地说：

"这个人脱胎换骨了。"我们的人生又何尝不是如此呢？人生道路漫漫无尽头，生活之中，不仅仅是这五件事别人不能帮你做，其实，别人不能帮你做的事还有许多，

在日本，在孩子很小的时候，就给他们灌输一种思想："不给别人添麻烦"，并在日常生活中注意培养孩子的自理能力和自强精神。全家人外出旅行，不论多么小的孩子，都要无一例外地背一个小背包。要问为什么？父母说："这是他们自己的东西，应该自己来背。"上学以后，许多学生都要在课余时间，在外边参加劳动挣钱。

如果我们从小就开始培养自己的事情自己做、自己的东西自己管、自己的生活自己安排的自我管理习惯，那么就能增强我们行动的独立性、目的性和计划性，这对于我们今后生活的幸福和成功无疑是有巨大帮助的。

我们周围的很多人，都认为真正要做一点事情，只能来自日复一日的钻研，如"水滴石穿"那样，心无旁骛地持续做下去，才可能成功。可是，这样的生活必然又很枯燥乏味，许多人看来甚至不可理喻——那么，那些既能把事情做成做好，生活又充满趣味的人，他们到底是怎样生活的？除去运气，他们还有怎样神秘的力量？这些问题，也许很多人都想过，也实践、反思过，可能有人想不出答案，当然也会有人想得出，其实答案就是：自我管理。因为仅仅日复一日的钻研，苦行僧的做法，其实是不够的，只有自己约束自己，警醒自己才能做得到。

一个能实现自我的人，首先，是要有一个目标；其次，有为实现目标而做的工作；其三，是能够坚持。一般成功都需要这三个要素。那么多人终其一生都没有实现自我，不是因为没有目标，而是后两个因素没有做到。而没有做到的原因就是：那些人没有良好的自我管理能力。

自我管理是一个成功的人所必需的，养成习惯的这个过程是难熬的，但是如果一旦养成，回报将是巨大的。所以，从现在开始，我们应该注重自我管理能力的培养，只有这样，未来的每一步才能走得更顺、更好。

哈佛精英历练要点

一个人管理好自己，做事情才能认真、负责任。这对自身的发展有很大的益处。那么，作为一名男孩子，该怎样进行自我管理呢？

1. 自我定位管理。看不清自己的时候是最危险的。所以，我们每天早上要对着镜子问一句："我是谁？"回顾一下昨天所做的事，问一问：哪些做到了？哪些没有做到？哪些做好了？哪些没有做好？这样，有利于自己更好地做事和反省自己。男孩子要珍视而不是漠视存在的问题，自身无法做好的事情，不能听之任之，要积极地协调和充分利用外部资源来实现；只有真正认识了自己，并付出了相应的行动，才能不断完善自己。

2. 自我目标管理。人生最大的悲哀并不在于没有实现目标，而在于根本没有目标。唯有目标才能指引我们走向成功。要想出色地完成任务，最重要的是不断地确立新的目标，对每一项工作、每一天都要进行目标管理，这样才会选对努力的方向，少走弯路，循序渐进，实现目标。

3. 自我心态管理。要避免情绪化管理。男孩子要学会心静，要善于释放生活中的压力，避免无端地宣泄情绪，避免浮躁。浮躁就会草率、草率就会犯错。所以，一定要善于调整自己的情绪。

有一种等待叫隐忍

人生就是一个等待的过程。

"忍、忍、忍，心字头上一把刀。"人生可能最难面对的就是"忍"字，人生需要学会隐忍。寒冬里待放的梅花，巨石下萌动的春笋，冰山下隐藏的岩浆，柳枝下奋力挣扎的老牛，它们在隐忍。

春秋时的程婴不惜牺牲自己唯一的骨肉，冒世人"背主卖友"的指责，十五年艰辛成就了"赵氏孤儿"千古佳话；西汉时的司马迁不惧毁身受辱，冒时人"贪生怕死"的嘲笑，二十年人生苦行铸就了太史公千秋史笔；唐朝宰相娄师德不顾同僚狄仁杰对自己的不公，秉公直荐狄仁杰，赢得了"以直报怨"的美名，也赢得了武则天的理解，更赢得了狄仁杰的敬重……他们在隐忍。从古至今。凡成大事业者，必忍难忍之事。

春秋时期吴越两国交战，吴国最终兵败。而后吴王夫差继位，为了替父报仇，夫差立志使吴国强大起来，立志打败越国。在大将伍子胥的辅佐下，经过两年的精心准备，向越国发起猛烈进攻，打败了越国。

越王勾践忍辱负重，携带妻子到吴国做奴仆。他深知自己当时的状况非常不利，要想日后东山再起，就必须把自己的心思隐藏起来，否则，别说东山再起，连命都保不住了。最终他与夫差达成和议去吴国做奴仆。

勾践夫妇履行承诺，不久后，去了吴国甘愿受辱。夫差为了替父报仇，对勾践百般羞辱，出门坐车时，总是要求勾践在车前为他领马。周围的人都讥笑勾践堂堂一个国王现在沦落成马夫，这样活着还不如去死呢。勾践每次听到这样的讥笑时，心都在滴血，但仍然表现得笑容可掬，装作不在意的样子。夫差令他们在其父的坟旁养马，平时吃的是粗茶淡饭，穿的是粗布单衣，住的破烂石屋冬天如冰窟、夏天似蒸笼。每天都是一身土、两手粪，就这样的生活，持续了三年。

勾践之所以忍受了权势、地位发生翻天覆地变化的巨大痛苦，忍受了夫差的奴役是因为他知道，一旦他不能将自己所有的情绪伪装好，自己东山再起的心思就会被夫差识破，到时候忍受的将会更多。

苍天不负有心人，一次夫差生病，勾践前去探望，正赶上夫差大便，待其出恭后，勾践尝了尝吴王的粪便，他让夫差放宽心说是夫差的病即将痊愈，夫差终于改变了对勾践的看法。不管是勾践真的精通医道，还是在奉承吴王，总之经过了这件事后，转变了勾践的命运。夫差见勾践经过这三年的磨难已经放弃了复兴越国的想法，对自己也是那么忠心耿耿，最后赦免了勾践，让他回到离别已久的越国。

勾践回到越国后，时时刻刻想着如何复国，他把一个苦胆挂在座位上面，每天休息和睡觉的时候都不会忘记仰起头尝尝苦胆的滋味，吃饭喝水之前也要先尝尝苦胆。他每天让自己的身体劳累，让自己焦虑地思索。他亲自到田间种地，让自己的夫人穿自己织布所做成的衣服。每顿饭他都不吃肉菜，不穿鲜艳颜色的衣服。他常常对自己所受的耻辱铭记于心，告诫自己千万不能忘记。

贤明的人他会对他们毕恭毕敬，对待宾客也会以厚礼相赠，扶助贫困的人，哀悼死难的人，和自己的百姓们一起劳苦工作。最后勾践的苦心终于没有白费，他发奋图强，一举打败了吴国，在历史上书写了以小打大、以弱胜强的奇迹。

生活中，当敌我力量差距悬殊时，忍耐是一种最为明智的退却手段。忍耐保存自己力量，慢慢地蓄积，不仅不会消磨自己的元气，只要一旦时机成熟，羽翼丰满，便会乘其不备，猛然一击，让邪恶永不翻身。这种忍耐绝不是对传统的习惯势力、落后势力的妥协和投降。

当我们处于弱势时，要忍住急于求成的心理状态，不要过于暴露自己，而要凭借着良好的外界形势，壮大自己的力量。当然，在保持和发展自己强势的同时，还要学会装糊涂，尽量掩饰自己表面的强壮，隐忍以行，以退为进，静待时机。

唐代武则天专权时，为了给自己当皇帝扫清道路，先后重用了武三思、武承嗣、来俊臣、周兴等一批酷吏。

一次，酷吏来俊臣诬陷平章事狄仁杰等人有谋反的行为。来俊臣出其不意地先将狄仁杰逮捕入狱，然后上书武则天，建议武则天降旨诱供，说什么如果罪犯承认谋反，可以减刑免死。狄仁杰突然遭到监禁，既来不及与家里人通气，也没有机会面奏武后说明事实，心中不由焦急万分。审讯的日期到了，来俊臣在大堂上宣读完武后诱供的诏书，就见狄仁杰已伏地告饶。他卧在地上一个劲地磕头，嘴里还不停地说："罪臣该死，罪臣该死！大周革命使得万物更新，我仍坚持做唐室的旧臣，理应受诛。"狄仁杰不打自招的这一手，反倒使来俊臣弄不懂他到底唱的是哪一出戏了。既然狄仁杰已经招供，来俊臣将计就计，判了他个"谋反是实"，免去死罪，听候发落。

来俊臣退堂后，坐在一旁的判官王德寿悄悄地对狄仁杰说："你也可再诬告几个人，如把平章事杨执柔等几个人牵扯进来，就可以减轻自己的罪行了。"狄仁杰听后，感叹地说："皇天在上，后土在下，我既没有干这样的事，更与别人无关，怎能再加害他人！"说完一头向大堂中央的顶柱撞去，顿时血流满面。王德寿见状，吓得急忙上前将狄仁杰扶起，送到旁边的厢房里休息，又赶紧处理柱子上和地上的血渍。狄仁杰见王德寿出去了，急忙从袖中抽出手绢，蘸着身上的血，将自己的冤屈都写在上面，写好后，又将棉衣撕开，把状子藏了进去。一会儿，王德寿进来了，见狄仁杰一切正常，这才放心下来。

狄仁杰对王德寿说："天气这么热了，烦请您将我的这件棉衣带出去，交给我家里的人，让他们将棉絮拆了洗洗，再给我送来。"王德寿答应了他的要求。狄仁杰的儿子接到棉衣，听说父亲要他将棉絮拆了，就想：这里面一定有文章。他送走王德寿后，急忙将棉衣拆开，看了血书，才知道父亲遭人诬陷。他几经周折，托人将状子递到武则天那里，武则天看后，弄不清到底是怎么回事，就派人把来俊臣召来询问。来俊臣做贼心虚，一听说太后要召见他，知道事情不好，急忙找人伪造了一张狄仁杰的"谢死表"奏上，并编造了一大堆谎话，将武天应付过去了。

又过了一段时间，曾被来俊臣妄杀的平章事乐思晦的儿子也出来替父申冤，并得到武则天的召见。他在回答武则天的询问后说："现在我父亲已死了，人死不能复生，但可惜的是太后的法律却被来俊臣等人给玩弄了。如果太后不相信我说的话，可以吩咐一个忠厚清廉、您信赖的朝臣假造一篇某人谋反的状子，交给来俊臣处理，我敢担保，在他酷虐的刑讯下，那人没有不承认的。"武则天听了这话，稍稍有些醒悟，不由想起狄仁杰一案，忙把狄仁杰召来，不解地问道："你既然有冤，为何又承认谋反呢?"狄仁杰回答说:"我若不承认,可能早就死于严刑酷法了。"武则天又问:"那你为什么又写'谢死表'上奏呢?"狄仁杰断然否认说:"根本没这事,请太后明察。"武则天拿出"谢死表"核对了狄仁杰的笔迹,发觉完全不同,才知道是来俊臣从中做了手脚,于是下令将狄仁杰释放。

狄仁杰忍耐住刚强直率的性格与对手周旋,终于使自己得到昭雪。在人生复杂的竞技场中,若遭受一些不公待遇,也不妨先忍一忍,这是斗争中的良策,相反以硬碰硬,不是大声疾呼,就是恼羞成怒,会让自己吃大亏的。

无论是战争还是人生,人们总是希望能够一鼓作气、一举成功。然而,为什么这些想要一举成功的人,往往却以失败告终呢?原因很简单——他们不懂得等待时机,盲目地进取必然导致失败的结局。善于等待,既是一种手段,又是一种人生智慧。遇到危险、遇到困难时,审时度势地等待时机,不失为一种最好的取胜之道。

哈佛精英历练要点

有句话说得好:"小不忍则乱大谋。"所以,在生活中,适当的隐忍是很有必要的。那么,男孩子该怎么去做到隐忍呢?

1. 别为小事而斤斤计较。在生活中,那些爱计较的男孩子,总是会被一些小事而乱了思绪,其实,这是完全没有必要的。试想一下,微不足道的小事都能干扰了你的生活,那么在这个繁杂的社会之中,你几时才能开心、几时才能快乐呢?所以,就别为那些小事而斤斤计较了,放开了,自己也得益。

2. 保持一颗淡然的心。人生的境界,其实以"淡"为高。为什么会这么说呢?想一想,凡事都淡然了,心境是不是就和他人不同了呢?能做到淡然的人,必然懂得退让、懂得宽容、懂得忘记、懂得释怀,能够做到如此,隐忍那就是一件小事了。

控制自己的欲望

失去自制力将使你在欲望的沼泽中无法自拔。

欲望是什么？是我们永不知足的虚荣心，还是我们不懈努力的原动力？欲望没有止境，像魔鬼一样吞噬着我们，咬到第一口，还想咬第二口，这似乎是被上帝赋予我们的一些与生俱来的东西，欲望因人而异，每个人都是用自己的方法得到。其实有时欲望并不是什么坏东西，它会让我们克服一个又一个的困难，但是，如果把握不好了，我们就真的会变成欲望魔鬼里的一块唐僧肉。

对于任何人而言，欲望都是必需的。不过，有的人欲望强一些，有的人欲望则相对弱一些，但不管强弱，都是比较容易克服的。不过，一旦有了思想上的错误，人们随之就会出现复杂、卑劣的品性，如此就难以改正了。同理，如果某些行为出现了某些差错，比较容易纠正和弥补；但如果一个人的世界观出现了某些问题，恐怕就会给自己的一生造成很大的伤害。这就要求我们在日常的生活中，一定要懂得提高自身的道德修养，避免出现某些思想观念上的错误。

晏婴，字平仲，后人尊称他为晏子。他出身齐国贵族，长期居于要职，在当时列国间享有很高的声望。

生活中，晏婴极为节俭。在晏氏家中，"食不重肉，妾不衣帛"。就连晏婴本人，也常常是穿戴着洗旧的衣冠朝见国君，一件狐皮外衣穿了30多年他也不舍得扔掉。与此同时，很多贵族官员们都在费尽心机、追逐利禄，但晏婴却一直安于这种清贫淡泊的生活。

有一次，齐景公告诉晏婴说："你现在的住宅邻近闹市，周围吵嚷嘈杂、尘土飞扬，而且地势低洼，既潮湿，又狭窄，怎能长住？不如我给你换栋宽敞明亮的房子，如何？"

晏婴辞谢说："我现在所居住的这所房屋，晏家几代人都在此居住过。对于我来说，能够住在这样的房子里，已经是非常奢侈了，因为我的功业比不上祖先，但却能够享受祖先给我的恩惠。再者，房屋邻近闹市，也自有好处，起码购物便利。所以不必麻烦您为我换房。"

这件事发生不久之后，晏婴被派往晋国商讨两国通婚事宜，齐景公抓住了晏婴不在的这个机会，强行命令晏家周围的居民搬到别处，并拆毁他们的住宅，为晏婴建造了一座堂皇华丽的新居。晏婴返回齐国后，看到眼前的事实，进宫拜谢了齐景公的好意之后，就毫不犹豫地派人拆毁新居，同时也修复了周围的住宅，并一一邀请那些流散各地的邻居们返回故里。

晏婴短暂的一生经历过齐灵公、齐庄公和齐景公三世，自从崔、庆家族垮台之后，他的政治地位也越来越高，最终成为齐景公最得力的辅佐。到了齐景公后期，晏婴已经是白发苍苍的年迈老臣，嘉言懿行却更加广泛地传向了四方。在列国间享有崇高的威望，但晏婴并没有因为自己的德高望重而狂妄自大。

有一次，晏婴乘车出门，车夫的妻子从门缝中偷偷观望，只见自己的丈夫策马急奔，意气扬扬，自豪自得。等丈夫回家，她忍不住责怪丈夫说："晏子身高不过六尺，辅助齐国，名显诸侯，但他坐车的神态庄重、深沉，满怀忧国之思，毫无傲慢自满的表情。而你身长八尺，体魄伟岸，却只能为人驾车，还得意扬扬，我为您感到羞惭。"后来这位车夫一改旧时姿态，变得谦虚、稳重起来。晏婴发现这种变化后询问其中的原因，车夫便原原本本地讲述了事情的过程。晏婴对车夫勇于改正缺点的做法表示称赞，并推荐他到官府中担任重要的官职。

在晏婴的一生中，类似这样的事情举不胜举，这应该就是他受人尊敬的原因吧！面对贫穷，晏婴丝毫不被其困扰；拥有高官厚禄，晏婴却不骄傲自大；在纷乱的环境中，他将自己所坚守的"道"放到社会人生当中，矢志不渝地坚持自己做人的原则，真可谓是大圣人。

看了晏婴的故事，不禁让我们想到自己，自己也能做到像晏婴一样好吗？世俗的纷纷扰扰，我们如何才能驾驭好自己的欲望，让它以一种正能量存在于我们的体内呢？这是我们每个人应该关注的问题。

其实，想要控制好欲望并不难，只要我们能在欲望发芽的时候，将它拔除。下面这个故事，它会告诉我们如何控制好自己的欲望。

曼谷的西郊有一座寺院，因为地处偏僻，香火一直不旺。原来的住持圆寂后，索提法师来到这里接替做新住持。

初来乍到，他绕着寺院巡视，发现寺院周围山坡上到处长满了灌木。那些灌木杂乱无章，树形恣意而张扬。

索提法师找了一把剪子，不时地去修剪一棵灌木，半年过去了！那棵灌木被修成了一个漂亮的圆球形状。僧侣们看到之后，疑惑不解。问住持，法师却笑而不答……

一天，寺院里来了一位衣衫光鲜，气宇不凡的客人。

寒暄让座之后，对方说自己无意路过此地，随便进来看看。法师很客气的陪客人四处游转，行走间，客人向法师请教了一个问题："人怎样才能够清除自己的欲望？"

索提法师微微一笑，返身进入内室拿了一把剪子出来，对客人说："施主，请跟我来。"

他把客人带到了灌木丛地，客人看到了法师修剪的那一棵成型的灌木。法师把剪子递给了客人，说道："您只要经常像我这样地去修剪一棵灌木，您的欲望就会消除。"

客人接过剪子，走向一棵灌木，咔嚓咔嚓地剪了起来。

一壶茶的工夫过去了！法师问他感觉如何，客人笑了笑说：感觉身体舒展了很多，可是平日堵在心中的那些欲望好像并没有放下。

法师领首说："刚刚开始会是这样的，经常修剪就会好了！"

客人走的时候，和法师约定，他十天之后还会再来。法师不知道，这个人就是泰国享有盛名的珠宝大亨。近来，因为遇到了从未经历过的生意上的难题。

十天后，大亨来了！二十天后，大亨又来了！三月个后，大亨已经把那棵灌木修成了一只初具规模的鸟形。

法师问他："现在你是否懂得如何消除你的欲望了？"

大亨面带愧色地回答：可能是我太愚钝，每次修剪的时候，倒是能够气定神闲，心无杂念。可是，一从你这里离开，回到我的生活圈子之后，我的所有欲望依然会像往常那样冒出来。

法师笑而不答。

当大亨的"鸟"完全成型之后，索提法师又向他问了同样的问题，他的回答依旧……

这次，法师对大亨说："施主，您知道当初我为什么建议让您修剪灌木吗？我只是希望您每次修剪前，都能够发现，原来剪去的部分又会重新长出来。就像我们人类的欲望，您别指望能够完全把它消除。我们能够做到的，就是尽力把它修剪得美观。放任欲望，它就会像满坡生长的灌木，丑陋不堪。但是，经常修剪，就能够成为一道亮丽悦目的风景。对于名利也是这样，只要取之有道，用之有道，利己惠人，它就不应该被看作是心灵的枷锁。"

大亨恍然大悟。此后，随着越来越多的香客的到来，寺院周围的灌木也一棵一棵地被修剪成各种形状。这里的香火渐渐旺盛起来，日益闻名。

人的欲望是难以根除的，因为即使你剪掉了一部分欲望，它还会慢慢地长出来。我们只有在成长的过程中，不断地修剪欲望，它才能变成赏心悦目的风景线，激励我们前行；倘若不能及时的修剪，最后让欲望恣意生长，怕是我们也要被关进这欲望的牢笼，让我们寸步难行。

哈佛精英历练要点

欲望，是一把双刃剑，弄不好的话，会伤害到自己。所以，男孩子要学会好好驾驭自己的欲望。那么，具体该怎么去做呢？

1. 转移注意力。当我们被欲望侵蚀的时候，最快的办法其实就是转移自己的注意力，当我们把注意力转移到别的事情上面的时候，就会渐渐冷却自己心中的欲望，让自己的心平静下来，时间一长，就会忘记了。

2. 找别人倾诉一下。当欲望影响到我们的生活的时候，自己调控不了，就要学会找人倾诉一下，释放自己的思想。在别人的理解、安慰、和劝导之下，说不定就能缓解自己那颗急迫追求欲望的心了。

坚定信念，不动摇

在追求成功的过程中，打败我们的，常常是心的动摇。

一个人的价值就好比摆在橱窗里的商品，或许，由于这样或那样的原因，它一直不被别人看重，没有人问津，也没有人夸赞，但这并不表明它真的一文不值。只要对自己有信心，坚定自己心中的信念，就总会有证明和实现自己价值的那一天。

在人生舞台上，信念对人生的影响是举足轻重的，它隐藏在我们身体内部，只要善于运用它，它就会成为一股取之不尽的力量源泉。所以，我们要想自己的人生活得成功，活得出彩，就必须坚定自己心中的信念。

一次，老板对一个年轻人说："你明天不用来上班了……"

"为什么？"年轻人不解。

"你现在对公司没有任何价值。简单地说就是你没有什么用。"老板吐了一个烟圈儿，仰身躺在靠椅上。的确，年轻人的业绩确实不怎么好。

不过，年轻人不想就这样被解雇。他向老板恳求说："但是，我相信，我还是能干一些事情的。"

"作为一个推销员，你根本不够格。"他的老板坚持这样认为，话也说得很直白。

"我相信我会对您和您的公司有用的。"年轻人说。

"告诉我你怎么成为一个有用的人。"

"我不知道，先生，我不知道。但是我应该是有用的……"年轻人开始变得有些激动，甚至语无伦次起来。

"我也不知道。"虽然老板有些嘲讽的意味，但他还是扭过头仔细打量着面前的这个人。

"只要把我留下来就行，先生，让我留下来！让我在其他方面试试。我干不了销售，但也许可以干其他的活。"

老板的口气渐渐温和了，说："也许你到这里来就是一个错误。"

"但是无论如何，我都会使自己有一些用处的。"年轻人坚持说，"请你相信我，我能做到的。"

终于，老板同意了他的恳求，他被调到会计室。在那里，他在数字方面的天赋很快就有了用武之地。几年以后，他成了这家大百货商店的财务负责人，而且还是一位出色的会计师。

这位年轻人的可贵不只是他执着的精神，还有他对自己价值的肯定。

请问，你能在被解雇和一次次拒绝后仍然保持这样的自信吗？

对自己说："我是金子，我会发光，我总会有发光的一天！"这样的心态无疑是积极的、乐观的，哪怕你现在面对的是山重水复、没有出路的境地：不受重视、即将被解雇、失业……是留，是走？是得，是失？这些都不应该成为你计较的东西。

也许，忍耐着继续干下去，你将取得更多的进步；也许，换一个地方，从此又是一片新的天地。不过，最重要的是你必须相信自己总是有点用的，总是能在自己最佳的生存空间里最大限度地表现出自身的价值。

小男孩的父亲是位马术师，他从小就必须跟着父亲东奔西跑，一个马厩接着一个马厩，一个农场接着一个农场地去训练马匹。由于经常四处奔波，男孩的求学过程并不顺利。

初中时，有次老师叫全班同学写作文，题目是"长大后的志愿"。

那晚他洋洋洒洒写了7张纸，描述他的伟大志愿，那就是想拥有一座属于自己的牧马农场，并且仔细画了一张200亩农场的设计图，上面标有马厩、跑道等的位置，然后在这一大片农场中央，还要建造一栋占地400平方英尺（1英尺＝0.3048米）的巨宅。

他花了好大心血把作文完成，第二天交给了老师。两天后他拿回了，第一面上打了一个又红又大的F，旁边还写了一行字：下课后来见我。

脑中充满幻想的他下课后带了作文去找老师："为什么给我不及格？"

老师回答道："你年纪轻轻，不要老做白日梦。你没钱，没家庭背景，什么都没有。盖座农场可是个花钱的大工程，你要花钱买地，花钱买纯种马匹，花钱照顾它们。"他接着又说：

"如果你肯重写一个比较不离谱的志愿，我会给你打你想要的分数。"

这男孩回家后反复思量了好几次，然后征求父亲的意见。父亲只是告诉他："儿子，这是非常重要的决定，你必须自己拿定主意。"

再三考虑几天后，他决定把原稿交回，一个字都不改，他告诉老师："即使拿个F，我也不愿放弃梦想。"

20多年以后，这位老师带领他的30个学生来到那个曾被他指责的男孩的农场露营一星期。离开之前，他对如今已是农场主的男孩说："说来有些惭愧。你读初中时，我曾泼过你冷水。这些年来，也对不少学生说过相同的话，幸亏你有这个毅力坚定自己的信念。"

因为坚定了信念，才让男孩取得成功。由此可见，信念的重要性。无论我们想做什么，只要坚定信念、不动摇就一定能够在未来的某一天实现。因为信念会一直支撑着我们，不断前行。即使身处逆境，它也能帮助我们鼓起前进的船帆；即使遇到险运，它也能召唤我们鼓起生活的勇气；即使遭遇不幸，它也能促使我们保持崇高的心灵。

信念是帮助人们走出沙漠的指向标，是在海上航行时的罗盘针，是成功路上的铺路石。因为但凡成功人士，身上必有坚定的信念。如果我们也希望自己能有所成就，那从现在开始就坚定自己的信念，不动摇地走下

去吧！

哈佛精英历练要点

一个人只有坚定了自己的信念，才会由始至终地把一件事情给做好。但凡在做事过程中动摇信念的人，都只能以失败而告终。所以，坚定信念很重要。那么，男孩子如何做到坚定信念、不动摇呢？

1. 要时常自我暗示、自我激励。一般人在动摇自己信念的时候，都是因为受到了其他外来因素的干预，这个时候，人最容易怀疑自己的能力，进而选择逃避和退缩。所以，男孩子在生活中要学会时常暗示自己，激励自己，在一遍又一遍暗示自己、激励自己的过程中，就能稳固住自己的信念。

2. 要不断给自己信心和勇气。当信心和勇气都丧失的时候，一个人的意志力也就垮了。这一点，男孩子必须要加以重视。所以，在树立信念之后，要想办法不断给自己增加信心和勇气，只有这样，才能把信念持续下去。

学会控制自己的情绪

如果你不能好好地控制住脑子里的反应，你就很难完成想完成的事。

所谓情绪，就是我们的喜怒哀乐，它时时刻刻伴随着我们，也构成了我们丰富的情感元素和旺盛的生命力。在日常生活中，我们所做的许多事都会受到情绪的影响，当情绪好的时候，我们会觉得心情愉悦，无论做什么事都很有精神。相反，当情绪不好时，我们可能会抱怨生活，变的唠叨，惹人生厌。

在我们与人相处的过程中，难免会出现一些或大或小的问题。有时候，我们会因为一些小事而被他人误解、嘲笑，甚至是污蔑，我们的情绪也会随之跌宕起伏。在这个时候，我们要学会控制自己的情绪。

我们想要做自己的主人，首先要学会克制自己。懂得控制自己情绪的人是理性的人，在他们的身上我们可以看到从容冷静，信心十足。生活中，很多人不仅不能很好地控制住自己的情绪，反而被自己的情绪所左右，沦为情绪的奴隶。

一天，陆军部长斯坦顿来到林肯那里，气呼呼地对他说一位少将用侮辱的话指责他偏袒一些人。林肯建议斯坦顿写一封内容尖刻的信回敬那家伙。

"可以狠狠地骂他一顿。"林肯说。

斯坦顿立刻写了一封措辞强烈的信，然后拿给林肯看。

"对了，对了。"林肯高声叫好，"要的就是这个！好好训他一顿，真写绝了，斯坦顿。"

但是当斯坦顿把信叠好装进信封里时，林肯却叫住他，问道："你干什么？"

"寄出去呀。"斯坦顿有些摸不着头脑了。

"不要胡闹。"林肯大声说，"这封信不能发，快把它扔到炉子里去。凡是生气时写的信，我都是这么处理的。这封信写得好，写的时候你已经解了气，现在感觉好多了吧，那么就请你把它烧掉，再写第二封信吧。"

看了上面的故事，我们就应该明白自己应该努力管理好情绪，每天要以豁达开朗、积极乐观的健康心态生活，而不是让急躁、消极等不良情绪影响自己，打败自己。在发脾气的时候吞口水让自己平静下来，或是在心里默数三下，或是默念不能生气、不能生气。少抱怨多做事，不要让自己的情绪影响自己的心情，影响别人的心情，做自己情绪的主人，这是一个健康乐观的人最基本要做到的一点。

没有人天生是注定不幸福的，而且幸福与不幸都掌控在我们自己手中。我们若想拥有幸福，就一定要学会克制自己的情绪，千万不能让坏情绪扼杀了自己的幸福。实际上，调节情绪并没有我们想象中的那么难，或许我们缺乏的只是一些正确有效的方法。只要掌握了适当的方法，便可以轻松掌握自己的情绪。

约翰是一个脾气暴躁又十分任性的孩子，他总是用粗鲁的语言和行动伤害别人，为此他常常陷入深深的苦恼之中。父亲告诉他："每当你要发脾气，克制不住自己时，就在门前的木柱子上钉一枚钉子。"约翰照着他父亲的话做了。从此以后，他就用这种方法提醒自己不要犯相同的过错。天长日久，他渐渐学会了克制自己的情绪，木柱子上的钉子越钉越少。

有一天，约翰高兴地告诉父亲："我最近已经不再钉钉子了，知道了该怎样调整自己的情绪，很少再发脾气伤害别人，和别人相处得越来越好。"父亲盯着他说："你学会了以平和之心善待他人，这很好。以后，每当你化解了与别人的矛盾，不再无故地伤人时，你就从木柱子上拔掉一枚钉子。"

从此，约翰遇到脾气暴躁要发火的时候，就想起父亲说的话，努力克制自己，调整好心态，然后平静地去门前的木柱子上拔掉一枚钉子。他逐渐意识到自己过去的有些做法是多么让人难以接受，慢慢地学会了心平气和、善待自己周围的人和事。

木柱子上的钉子终于被他拔干净了。面对这样一个木柱子，很兴奋，像是完成了一件酝酿已久的得意作品一样，他兴高采烈地来向父亲汇报。这一次，父亲却很平静地把他带到了木柱子旁，指着上面密密麻麻的钉子眼说："孩子，每当你脾气暴躁伤害了别人以后，留在人们心上的伤疤就像这些钉子眼，是很难消除的，伤害一个人很容易，恢复美好的情感却是相当困难的。"约翰羞愧地低下头，对自己以往的过失懊悔不已，密密麻麻的钉子眼就像钉在自己心上一样让他痛苦不堪。

约翰因为脾气暴躁又任性经常伤害到别人而陷入难过，他的父亲首先让他通过钉钉子的方法逐渐减少他生气的次数继而让亨利渐渐学会克制自己的情绪。在约翰渐渐地可以控制自己情绪之后，父亲想到的是让他意识到，他的火爆脾气伤害的不仅是自己，还有他的伙伴们。一步一步地，约翰真正成为自己的主人，可以不再随便发脾气，能够心平气和地善待别人。

其实，能够转移情绪的方法很多，以上的事例只是一个特例。通常情况下，我们可以根据自己的兴趣爱好将情绪转移，也可以选择能够吸引自己的事物来转移自己的注意力，尽量避免不良情绪对自己的侵蚀，久而之便可以控制自己的情绪。男孩子们一定要学会控制自己的坏情绪，别让坏情绪扼杀掉属于自己的生活！

哈佛精英历练要点

涉及人，很多时候就涉及控制力的问题，控制好自己的情绪，也就是要有自制力。如果自制力不行，影响到一个人一整天的生活，会波及很多人、很多事。可见掌控好自身情绪，提升控制力，对于男孩子们而言，至关重要。那么，我们怎样才能控制后自己的情绪呢？

1. 加强意识，铭记于心。始终让自己有控制好情绪的意识，让自己保持好自身的情绪，让自己不论在什么样的环境下，遇到什么的事情，特别是困难，都始终劳记调整好自身的情绪。

2. 可以抽身改变环境，在生活中，让自己气愤的事情数不胜数，但自己不可能天天与自己过不去。如果你遇到此情况时不妨到洗手间，洗把脸，让自己平静清醒一下，这样的话，情绪就会好转过来。

3. 深呼吸，转移注意力。当遇到情绪波动的时候，先深呼吸，然后不发表言论，尽量让自己去思考一些其他的事情，通过转移注意力的方式，让自己平静后再处理问题。

学会三思而后行

三思而后行的人，很少会做错事情。

不论我们有多么正当的理由，怒火攻心永远是一种失败的表现，属于消极的精神现象。因为当怒火上升，会使我们失去理智，失去形象，做出错误的行为举动，伤害了周围无辜的人，最后自己也会愧疚不已，这是必然的一连串反应。

"三思而后行，谋定而后动"是克服冲动的最佳良药，是古代先贤留下的不朽名言。这两条警句不但应该让那些冲动型的人熟记，而且也应该让所有的人都深刻领悟。

有一个叫文涛的男孩子，在放学的时候忽然发现自己的钢笔不见了。"咦！我的钢笔呢?"要知道，这可是文涛最珍贵的派克钢笔呀！这是去年，在德国留学的舅舅送他的生日礼物。文涛非常喜欢这支钢笔，看到这支钢笔，也就想起了舅舅的教导。可以说，这支钢笔陪伴他成功战胜了不少困难，一直给他很多学习的动力，如果丢了，那可怎么办。

文涛按捺不住心中的着急，开始了"地毯式搜索"。他左看看，右瞧瞧，好一会儿，他才发现钢笔竟躺在徐文的桌箱中。

文涛马上想起了昨天徐文向他借钢笔的情景。当时文涛本不想借，碍于面子借给了徐文。一下课文涛就去找他要了回来，当时徐文拿着这支钢笔舍不得还，非要再写几个字，还一边说着："文涛，你的钢笔太好用了！"文涛拿走了钢笔，徐文还不由自主地说："要是我也有这支笔该多好啊！"

文涛感到心中一股怒气嗖的一下直冲到头顶。一定是想偷我的钢笔！他指着徐文大声喊起来："徐文！你怎么可以这样啊！见到别人的东西好就想偷！"

没想到徐文一下子也火了，他冲着文涛毫不示弱地吼道："你别血口喷人！就你那破笔，你以为谁稀罕啊！"

文涛气急了，两个人一言我一语地吵了起来，唇枪舌剑，谁也不肯让步。吵架的声音越来越大，班主任赵老师急匆匆地赶过来，制止住两个人。文涛赶紧向老师告状，"徐文偷了我的钢笔还不承认"。徐文听了这话气得脸通红，使劲踢了一下椅子，大声向文涛喊，"我没偷！我就是没有偷！"

这时班长小松走来，看见文涛手里的钢笔，赶紧对他说："我昨天见徐文用这支笔来着，今天在地上捡到还以为是他的，就给他放在桌箱里了。"

赵老师看着文涛，摇了摇头。这时，文涛脸一阵红，一阵白。徐文却掉下了男儿泪。赵老师说，"文涛，你看你，冤枉了同学，伤害了同学！"文涛顿时惭愧极了，他真后悔刚才的冲动。他看着徐文说："真对不起……"

可是，虽然文涛向徐文道了歉，由于一时的冲动而造成的伤害又该怎么弥补呢？心中的伤痕一旦形成，就很难愈合，所以，遇见问题，一定要冷静下来，三思而后行，这是很重要的。

在美国加州，有一个小男孩的父亲买了一辆大卡车。他非常喜欢那辆卡车，总是为那辆车做全套的保养，以保持卡车的美观。

一天，小男孩拿着硬物在他父亲的卡车上划下了无数的刮痕。他的父亲盛怒之下用铁丝把小男孩的手绑起来，然后吊着小男孩的手，让他在车库前罚站。当父亲想起小男孩还在车库罚站时已经是 4 个小时以后了！当他回到车库，小男孩的手已经被铁丝绑得血液不通了！他的父亲把他送到急诊室时，手掌肌肉已经都坏死，医生说不截去手掌的话会非常危险，甚至可能会危害到小男孩的生命。所以小男孩就这样失去了他的一双手掌！但是他不懂到底是发生了什么事，而他的父亲也因此而愧悔终生。

大约半年后，小男孩父亲的卡车进厂重新烤漆后，又像全新的一样了，当他把卡车开回家，小男孩看着重新烤过漆的卡车，对父亲天真地说："爸爸！你的卡车好漂亮，看起来就像是新卡车。"就在这时，小男孩无邪地伸出了他被截断的双手，天真地对他父亲说："但是，你什么时候才把我的手还给我？"

一直被愧疚折磨的父亲终于崩溃，最后举枪自杀……

冲动是魔鬼，它会把我们的理智吞噬。如果不能控制情绪，我们便有机会犯下令自己后悔一生的事！所以，一定要学会控制我们自己的情绪。成千上万的人因为不能控制他们的情绪而一事无成，如果他们能够做情绪的主人，那么他们也能完成只有伟人才能完成的工作。

人生路漫漫，总要遇到许多事。有些事是自己必须去处理的，必须去面对的。但当某些事发生在我们身上时，该如何处理？冲动，还是三思？事情有轻重缓急，其实不管是什么事，我们都要冷静，不要冲动。常言道："一棋不慎，满盘皆输。"

哈佛精英历练要点

人们常说："冲动是魔鬼"。这句话是十分有道理的。人们在冲动下做出的后悔事，实在是太多了。所以，男孩子们千万别冲动，要学会凡事三思而后行。那么，怎样才能学会三思而后行呢？

1. 给自己冷静几分钟的时间。一般人冲动的时候，就是不经大脑思考，就做出行动，想要改掉这一点，就要在每次自己想冲动的时候，立刻停下来，给自己几分钟冷静下来的时间。说不定，在这几分钟的时间里，自己就想明白了什么。

2. 询问他人的意见。自己冲动的时候，就是不理智的时候，这个时候，别人的意见就显得重要了。当然，这个"他人"也不能是随便的人，要是你自己最信任的人才可以。

第八章

情商课

过去人们认为，智商是决定人成才的关键，然而国际最新研究认为，智力只是成才的基础，情商才是决定人将来能否成才的关键。在人的成功要素中，智商只占 20％，而 80％受情商的影响。所以，我们要重视情商、培养情商。

宽容，是一种美德

一个脚跟踩扁了紫罗兰，而它却把香味留在那脚跟上，这就是宽容。告别狭隘的心，用宽容之心包容一切，让自己手有余香。

有人说，宽容是一种修养，一种处变不惊的气度，一种坦荡，一种豁达。宽容是人类的美德。荷兰的斯宾诺沙说过："人心不是靠武力征服而是靠爱和宽容大度征服的。"宽容宛如阳光，亲切，明亮，它温暖也照亮了每个人的内心，让每个人都感到贴心与幸福。

宽容是一种艺术，宽容别人，不是懦弱，更不是无奈的举措。在短暂的生命里学会宽容别人，能使生活平添许多快乐，使人生更有意义。正因为有了宽容，我们的胸怀才能比天空还宽阔，才能尽容天下难容之事。

拿破仑在长期的军旅生涯中养成了宽容他人的美德。作为全军统帅，批评士兵的事经常发生，但每次他都不是盛气凌人的，他能很好地照顾士兵的情绪。士兵往往对他的批评欣然接受，而且充满了对他的热爱与感激之情，这大大增强了他的军队的战斗力和凝聚力，成为欧洲大陆一支劲旅。

在征服意大利的一次战斗中，士兵们都很辛苦。拿破仑夜间巡岗查哨。在巡岗过程中，他发现一名巡岗士兵倚着大树睡着了。他没有喊醒士兵，而是拿起枪替他站起了岗，大约过了半小时，哨兵从沉睡中醒来，他认出了自己的最高统帅，十分惶恐。拿破仑却不恼怒，他和蔼地对他说："朋友，这是你的枪，你们艰苦作战，又走了那么长的路，你打瞌睡是可以谅解和宽容的，但是目前，一时的疏忽就可能断送全军。我正好不困，就替你站了一会儿，下次一定小心。"

拿破仑没有破口大骂，没有大声训斥，没有摆出元帅的架子，而是语

233

重心长、和风细雨地批评士兵的错误。有这样大度的元帅，士兵怎能不英勇作战呢？如果拿破仑不宽容士兵，那只能增加士兵的反抗意识，丧失了他本人在士兵中的威信，削弱了军队的战斗力。

其实，人活着，没有必要事事认真，为鸡毛蒜皮的事去计较，生活让人学会了宽容。宽容了别人，等于善待了自己。它能使自己的生活变得轻松，快乐。

经历过风和雨，才能领悟到人生的苦和乐，爱与恨，才知道人生中应该忘记什么，记忆什么，放弃什么，学会什么，那样才是举重若轻。我们要怀着一颗宽容之心，面对身边的人，原谅他们对我们的伤害，我们才能放下包袱，让自己轻装上路。

劳伦斯·琼斯是一个黑人教师和牧师，在密西西比州松树林里差点被执行火刑，这件极富戏剧性的事情究竟是怎么回事呢？这件事情发生在第一次世界大战人们最容易感情冲动的时期。此时，在密西西比州中部流传一种谣言，德国人正在唆使黑人造反。劳伦斯·琼斯就是被唆使的黑人，有人控告他带领族人造反。一大群年轻人在教堂外面听到劳伦斯·琼斯对人大声喊道："生命，就是一场战斗！每一个黑人都要穿上盔甲，以战斗求得生存和成功。"

于是，那些年轻人趁夜冲出去，纠集了一大群暴徒，回到教堂，拿了一条绳子捆住劳伦斯·琼斯，将他拖到一里地以外，让他站在一大堆干柴上面，并点燃了柴堆，准备逮着他将其烧死。他们一面用火烧他，一面把他吊死。这时，有一个人叫起来："在烧死他之前，我们要让这个喜欢多嘴的人说话。说话啊！说话啊！"

劳伦斯·琼斯站在柴堆上，脖子上套着绳索，为他的生命和理想发表了一篇演说。他对那些愤怒的、正想要烧死他的人讲述了他所做过的各种奋斗——教育那些没有上过学的男孩和女孩，把他们教成合格的农夫、技工、厨子、家庭主妇。他说到一些白人曾帮助他建立这所学校——这些白人送给他土地、木材、猪、牛和钱，帮助他继续办他的教育事业。

听完劳伦斯·琼斯的那番态度诚恳且令人感动的话，这些暴民心软了，他们觉得劳伦斯·琼斯是个非常有爱心的人，而且在临死的时候他没有为自己，而是为他的事业而乞求。后来，人群中一位参加过南北战争的老兵说："我相信这孩子是在说真话。我认识那些他提到的白人。他是在做好事。我们错了，我们应该帮助他，而不是吊死他。"最后，他们不但没有烧死劳伦斯·琼斯，还为他凑了524美元，并交给了琼斯。

后来有人问劳伦斯·琼斯，他是否恨那些拖他出去准备吊死和烧死的人？他回答说，他忙于实现他的理想，根本没有时间去恨——他正沉浸于超出他个人能力的大事，他说："我没有时间吵架，也没有时间后悔，也没有任何人能强迫我去恨他！"

宽容是一种品德，是一种气质；宽容他人，你是仁者。宽容自己你是知者，学会宽容，你的人生会从容，轻松，潇洒。人性也得以升华。只要我们学会宽容，不去仇恨任何人，我们的生活也会像琼斯一样，过得轻松快乐。

就像克拉伦斯·达罗常说的，"知道了一切就会理解一切，这样我们就不会评判或谴责他人"。我们不应诅咒报复任何人，不要把时间浪费在去想那些我们不喜欢的人，而是应该给予他们谅解和宽容。

哈佛精英历练要点

在这个纷纷扰扰的世界里，我们每个男孩子都要活得潇洒，就必须学会宽容。宽容，将使我们活得更加轻松、更加有意义。那么，男孩子该怎么样才能学会宽容呢？

1. 学会忘却。人人都有痛苦，都有伤疤，动辄去揭，便添新创，旧痕新伤难愈合。忘记昨日的是非，忘记别人先前对自己的指责和谩骂，时间是良好的止痛剂。学会忘却，生活才有阳光，才有欢乐。

2. 放下那颗计较的心，事情过了就算了。每个人都有错误，如果执着于其过去的错误，就会形成思想包袱，不信任、耿耿于怀、放不开，限制了自己的思维，也限制了对方的发展。即使是背叛，也并非不可容忍。

3. 学会忍耐。同伴的批评、朋友的误解，过多的争辩和"反击"实不足取，唯有冷静、忍耐、谅解最重要。相信这句名言："宽容是在荆棘丛中长出来的谷粒"。能退一步，天地自然宽。

优秀的男孩要有责任心

一个人若是没有热情，他将一事无成，而热情的基点正是责任心。

苏霍姆林斯基说："责任心是一种习惯性行为，也是一种很重要的素质，是做一个优秀的人所必需的。"责任心是每个人都应拥有的人格特征。责任心也就是责任感，即自觉地把份内的事情做好的一种心情。古今中外，责任感是人类伟大的情怀之一，是人类最高贵的品质之一。

1920 年，里根 11 岁。有一天，他和小朋友在院子里踢足球时，不小心将邻居家的玻璃打碎了。邻居很生气，非要他赔偿 12.5 美元。当时的美国，12.5 美元是笔不小的数目，里根吓得赶紧回家，恳求父亲帮帮他。父亲却说："我不会替你还钱的！你现在首先要做的就是先到邻居家赔礼道歉，而后自己还钱。"

里根一脸的不解："我赔？我哪有那么多钱啊？"

父亲说："你必须对自己的过失负责！我可以借钱给你！但一年后你必须还给我。"

按照父亲的要求，里根到邻居家还了钱，而后便开始了艰苦的打工生活。虽说他才 11 岁，父亲却对他充满了希望，相信他一定能成功！

半年后，里根终于挣够 12.5 美元，对一个 11 岁的男孩儿来说，这是一个"天文数字"，但里根却靠自己的双手，弥补了自己的过错。

后来，里根成了美国的总统。可只要里根回忆起此事，他就会说：

"通过自己的劳动来承担过失，使我懂得了什么叫责任。"

里根能成为美国的总统，因素很多，其中一个重要原因，该是他的责任感！试想一下：假如里根是一个做事不认真或缺乏责任感的人，美国人会将那么一个大国交给他管理吗？

高尔基曾说过："负责任，是一个人最基本的品质。如果我们放弃了责任，也就等于放弃了整个世界。"凡事必须要有责任感和责任心，这些才是你做好事情的前提，没有了这些前提，什么事情都不可能做好，顶多只不过是混混日子罢了。只有自己有了责任心，责任感，你做任何事情都会从多方面去考虑，才会做好。所以责任心和责任感是做人做事的基本。

当危险到来时，人们自然会想道：男人在哪里？在灾难面前，男人承担更大的责任，他首先要把生的机会让给妇女和儿童。在战争之时，男人更要承担起保家卫国的责任，这是他们义不容辞的义务。男性承担更大的责任和义务，这是他们的生理优势所决定的，是人类长期进化的结果，是近代文明发展的必然结果。

1852年2月26日凌晨两点，英国皇家海军战舰伯肯黑德号在开普敦附近的海岸外触礁，舰上有出征的战士及其家属。海水迅即涌入了住着几十个人的卧铺仓，大部分人还没来得及反应就溺水身亡了。这时船离岸至少有3英里，而且这一带海域有大量的大白鲨。

萨蒙德船长被巨大的冲击波甩到了床下，半身光着地跑到了甲板上。与此同时，海军中校西顿穿着睡袍急忙赶到，腰间佩着剑。他把所有的军官召集到身边，然后告诉他们所有的生还希望就在于他们维持秩序的能力了。他能这么做是因为男人的本分与军队的规矩造就了他。他说："先生们，敬请大家保持船上男人们的秩序与安静，并务必让他们迅速执行萨蒙德船长的命令。"虽然西顿中校从未真正说过"妇女和儿童优先"，但他非常明确现有的救生船谁能先上。妻子们大声呼叫丈夫，孩子们呼唤父亲，除此之外别无他声。不管是在海军舰艇或其他船上，这种做法从未有过。此前，当绝望之时，大家都各自逃生。然而，在伯肯黑德号上，海难救护

的新时代就此到来了。

为了以防万一，西顿中校站在通向第一艘救生船的步桥一端，并拔出了剑。他准备好把那些可能的私自上船者赶回去，但无一男人向前迈出一步。他们原地不动站在各自的上级规定站立的地方。有些人穿着睡袍，有些军装仅穿了一半……他们奉命前来。他们挺胸、抬头、往前看，在星星密布的南方的天空下，妇女和孩子们纷纷从正在下沉的战舰上被船接走。

不久，战舰的后部在礁石上崩裂，开始剧烈地倾斜，但西顿中校仍然要求其官兵们保持次序，让他们各就各位。尽管甲板震颤着并斜向一边，他们仍站立着，队伍毫不紊乱。没有一个人出列，尽管脚下的甲板在下沉，等待他们的只有海水与鲨鱼。军官们不断地传下命令，让自己的手下务必保持队列。他们全体照做。当这些士兵登上伯肯黑德号时，他们可能还是初出茅庐的小青年，而此时他们已长成男子汉。他们接下的最后一个任务就是挽救妇女与孩子们的生命，这是他们一定要做到的。

当海水向他们四面包围过来，而与此同时当妇女、儿童、军中的少年在救生船上望着他们时，官兵们才相互握手道别。结果，那个早晨，共有430位男人遇难。萨蒙德船长被轰然倒下的桅杆击中死亡。人们最后看到的西顿中校是与自己的士兵在一起，被海水卷走。然而，所有的妇女、儿童都获救生还……

"让妇女和儿童先走"的呐喊后来被称作"伯肯黑德号操练"。自此以后，一个新的时代开始了，"让妇女和儿童先走成为国际通行的海上救援法则，并扩展为灾难救援的一种通行法则。1912年，泰坦尼克号在大西洋的沉没悲剧中，船上共有2222人，在幸存的705人中，绝大多数是妇女和儿童。

责任心是一面能让你看到自己心灵的明镜，能折射出你的灵魂。在做一件所谓"天知、地知、你知、我知"的事时，你的责任心存在与否，将折射出你灵魂的崇高或卑劣。当你斥责他人对你不守承诺时，可别忘了看看镜中的自己是否被一层阴影所笼罩。

责任心更是一架带你走向美的云梯。如果把你比作花园，一座五彩缤纷、百花争艳、时刻被艳阳所照耀的花园的话，那你身上各种各样的优良品质便是一朵朵娇美的鲜花，装饰着花园。此时此刻，责任心将化成一道清澈的细流，静静地滋润着花木，给你的花园添上了灵动的一笔。是的，你想成为一个成功人士吗？那么，请从学会承担责任开始吧！当你把责任装在心里时，你就会做好每一件事，你就会快乐无比。如果你在做事时虎头蛇尾、丢三落四或者不以为然，你是很难取得成功的。

漫漫人生路，我们要一步一步地走好。沿途采摘胜利的果实或是遭遇失利的荆棘时，都别忘了责任心。让我们都做一个有责任心的人吧，有责任心为我们保驾护航，那么我们踏上的将是一条通向成功的大道。

哈佛精英历练要点

责任，它代表了一个人的品质，责任，使人变得稳重，责任，使人知道自己的义务。责任，使你拥有了那一些对你真正关心，帮助和爱护你的人。所以，拥有责任心是十分重要的。那么，该怎样才能拥有责任心呢？

1. 加强自我责任心。认真负责地学习、锻炼，即包括自身的学习、锻炼，也包括在社会、实践中的学习锻炼，要对自己负责，对自己做的事负责，对自己的生活负责、对自己的生命负责。

2. 加强他人责任心。心中有他人，对他人负责。在我们身边有很多人，我们应该懂得对他们负责，说的话、做的事，都要有责任心。

3. 加强社会责任心。讲公德、守规则，自觉遵守国家的法律法纪，对社会负责，爱护环境，保护自然，对人类生存各种条件负责。

4. 加强家庭责任心。要主动承担家庭责任，对家庭负责。作为子女，要学会对长辈负责，要洁身自好，要努力学习，要尊重和孝顺长辈，要关心和爱护老人，要尽职尽守。

善待自己的对手

一个没有对手的人生是无趣的，要学会把对手当作是自己的朋友。

在人生的旅途中，我们需要寻找真正的对手。一个和我们势均力敌，还能和我们切磋共进的人，这样的人既是对手也是伙伴。我们要呼唤这样的对手，也要珍惜这样的对手。因为有他们的存在，才让我们把事情做得更好。

一个人能够拥有一个对手，也是一种幸福。因为对手的存在，我们才能更清楚地认识自己的能力。因此，我们应该感谢对手、包容对手，他们陪我们成长的岁月，在未来的时光里都将成为最珍贵的回忆。

这是一场激烈的世界职业拳王争霸赛。正在比赛的是美国两个职业拳手，年长的叫卡菲罗，35 岁，年轻的叫巴雷拉，28 岁。上半场两人打了六个回合，实力相当，难分胜负。在下半场第七个回合，巴雷拉接连击中老将卡菲罗的头部，打得他鼻青脸肿。

短暂的休息时，巴雷拉真诚地向卡菲罗致歉。他先用自己的毛巾一点点擦去卡菲罗脸上的血迹。然后把矿泉水洒在他的头上。巴雷拉始终是一脸歉意，仿佛这一切都是自己的罪过。接下来两人继续交手。也许是年纪大了，也许是体力不支，卡菲罗一次又一次地被巴雷拉击倒在地。

按规则，对手被打倒后，裁判连喊三声，如果三声之后仍然起不来，就算输了。每次卡菲罗都顽强地挣扎着起身，每次都不等裁判将"三"叫出口，巴雷拉就上前把卡菲罗拉起来。卡菲罗被扶起后，他们微笑着击掌，然后继续交战。裁判和观众都感到吃惊，这样的举动在拳击场上极为少见。

最终，卡菲罗以 108：110 的成绩负于巴雷拉。观众潮水般涌向巴雷拉，向他献花、致敬、赠送礼物。巴雷拉拨开人群，径直走向被冷落一旁的老将卡菲罗，将最大的一束鲜花送进他的怀抱。

两人紧紧地拥在一起，相互亲吻对方被击伤的部位，俨然是一对亲兄弟。卡菲罗真诚地向巴雷拉祝贺，一脸由衷的笑容。他握住巴雷拉的手高高举过头顶，向全场的观众致敬。观众更加沸腾了，为这一对相拥在一起的对手欢呼。

卡菲罗虽然败了，但败得很有风度；巴雷拉赢了，却赢得十分大气。在自己失败的时候，能够坦然为成功者庆贺，表现出的是一种难得的宽容和自信；在自己胜利的时候，热情地给失败者送上鲜花，这是一种人格境界上的更大成功——无论哪一种，都需要真诚的勇气。

生命的美好在拳击场上得以体现，因为相互间的宽容，所以他们得到了世人的尊敬。原谅包容自己的对手，这种互相间的包容是真挚而伟大的情操。不去为了胜利而胜利，而是纯粹为了共同期待的荣耀而竞争，这是擂台上的友谊，如清澈而坚固的钻石一样珍贵。

善待你的对手，如果是一个好的对手，你更要珍惜他，甚至热爱他。日本三洋电机的创始人井植熏在向客人介绍自己企业的同时，总要带着尊重的口气，花费几乎相同的时间来介绍同行业的强劲对手：索尼、松下、夏普电器……

或许就是这种"尊重"，才使日本的电器能从一种集团的态势傲然纵横于世界市场。任何时候，都不要嫉妒对手，一旦你心生嫉妒，你的心态就会失衡，你的天地就会越来越暗淡，你的人生之路也就会越来越狭窄。

很多人看到自己的对手越来越好，心中不服，他们想方设法地去破坏对方，阻止对方前进，结果在这个过程中，他已经看不到自己的缺陷，心灵被妒忌占据，最后导致两败俱伤，悔恨莫及。我们为什么不好好对待自己的对手呢？把胸怀放宽一些，你的人生天地也自然会宽广起来。

卡尔是一位卖砖的商人，由于一位对手的恶性竞争而使他的生意陷入困难之中。对方在他的经销区域内定期走访建筑师与承包商，告诉他们：

卡尔的公司不可靠，他的砖块不好，面临即将停业的境地。

卡尔并不认为对手会严重伤害到他的生意，但是这件麻烦事使他心中升起无名之火，真想"用一块砖头敲碎那人肥胖的脑袋"作为发泄。

在一个星期天的早晨，卡尔听了一位牧师的讲道。主题是：要施恩给那些故意跟你为难的人。卡尔把每一个字都记下来。卡尔告诉牧师，就在上个星期五，他的竞争者使他失去了一份25万块砖的订单。但是，牧师却教他要以德报怨、化敌为友，而且举了很多例子来证明自己的理论。

当天下午，当卡尔在安排下周的日程表时，发现住在弗吉尼亚州的一位顾客，要为新盖一间办公大楼购买一批砖。可是他所指定的砖却不是卡尔他们公司所能制造供应的那种型号，而与卡尔的竞争对手出售的产品很相似。同时卡尔也确信那位满嘴胡言的竞争者完全不知道有这个生意机会。

这使卡尔感到为难。如果遵从牧师的忠告，他觉得自己应该告诉对手这项生意的机会，并且祝他好运。但是，如果按照自己的本意，他但愿对手永远也得不到这笔生意。

卡尔内心挣扎了一段时间。牧师的忠告一直盘踞在他的心田。最后，也许是因为很想证实牧师是错的，卡尔拿起电话拨到竞争者的家里。

当时，那位对手难堪得说不出一句话来。卡尔就很有礼貌地直接告诉他，有关弗吉尼亚州的那笔生意机会。

有一阵子那位对手结结巴巴地说不出话来，但是很明显的是，他很感激卡尔的帮忙。卡尔又答应打电话给那位住在弗吉尼亚州的承包商，并且推荐由对手来承揽这笔订单。

后来，卡尔得到非常惊人的结果。对手不但停止散布有关他的谎言，而且甚至还把他无法处理的一些生意转给卡尔做。现在，除了他们之间的一些阴霾已经获得澄清以外，卡尔心里也比以前好受多了。

面对实力更强的对手，没有一点嫉妒心的人是不存在的，如果把嫉妒化作鞭策自己的力量，努力提高自己去追赶上目标者，这是积极向上的态度。而对于嫉妒别人的人，我们想说的是，嫉妒他人是改变不了客观现实的，人家成功肯定有成功的理由，自己失败也一定有失败的原因。如果能这样想的话那是再好不过了，因为如果顺着这种思路想下去的人，会把那一点点妒忌转化为自己奋斗向上的动力。

善待你的对手，在你善待他们的时候，生活也早已对你微笑。当你在心中对对手百般不满，费尽心思的设计刁难时，生活也已经把苦涩的汁液倒入你的茶碗。包容对手的胜利，这就是在拯救自我的灵魂不被侵蚀。

哈佛精英历练要点

现实生活中，男孩子应该学会感激对手，千万别把对手当成了敌人或仇人！感激对手，不仅是一种大度，更是一种睿智！因为，一个强劲的对手存在会让你进步得更快！那么，男孩子该怎样面对自己的对手呢？

1. 尊重你的对手。男孩子应该学会"尊重对手，珍惜对手，甚至热爱对手"。要把对手当作自己的竞争伙伴，不要当作敌人；要羡慕而不是嫉妒；要通过公平的竞争来锻炼自己超越他人。

2. 学会向对手学习。既然能称之为对手，那么对方肯定是与你势均力敌的，你有你的优点，他自然也有他的优点。而他的优点就是值得你去学习的地方。只有虚心向对手学习，才能最终超越对手。

3. 必要时，也要懂得和对手合作。男孩子应该明白合作与竞争不是水火不容的关系，学会在合作中竞争，在竞争中合作，这样才能实现双赢。

学会倾听，更受欢迎

所谓的耳聪，也就是倾听的意思。

上帝给人们两只耳朵，一张嘴，其实就是要我们多听少说。多听少说，善于倾听别人讲话是一种高雅的素养。因为认真倾听别人讲话，表现了对说话者的尊重，人们也往往会把忠实的听众视作可以信赖的知己。

生活中，很多男孩子都特别喜欢表现自己，所以经常是喜欢别人听自己说，而不喜欢听别人说的问题，长期下去，是会令人厌烦的。聪明的男孩子应该学会倾听。

有一对父子，一见面就争吵不休，儿子嫌父亲啰唆，父亲嫌儿子不听话，总之是话不投机，见面说不上几句话就不欢而散。

一次儿子说："爸爸，你从来没有认真听我说过一句话，我现在只要你把我说的话重复一遍就行。"父亲答应了。当父亲重复了儿子的话，才发现儿子原来这么懂事，父子间关系变得非常融洽，成了好朋友。

原来，这位父亲是一家大企业的总经理，平时很忙，也很专制，总是以自己的想法看待问题，从来没有认真听过儿子一次话。后来，在工作上，他也开始认真倾听下属的话，企业业绩开始不断上升。

学会倾听不仅是一种尊重，是一种美德，而且倾听是一种能力，只有耐心地倾听别人的评说，才能进行冷静的思考，在倾听的过程中分辨别人评说的正误，积极思考纠正错误的理由和对策。

学会倾听还能使我们养成尊重他人的良好品质，使自己成为一个受人欢迎的人，一个善于交往的人。一旦良好的倾听习惯养成，这个习惯将会影响着我们的一生，在今后的学习中、交往中，将会源源不断地供给我们养料，使我们左右逢源，精益求精，蒸蒸日上，走上一条可持续发展的健康之路。

安妮在一家肯德基连锁店做收银员，每天晚上到了下班时间孤独就会爬上安妮的心头：她总是一个人孤单地吃完晚餐，然后就随手拿起一本小说来打发时间。

纽约这么大的都市，拥有数百万人口，每天人来人往，有欢笑，也有惊奇，却没有任何一个人注意到你的存在，这世界还有比这更荒凉的吗？安妮一想到这般的冷清，就像一只受惊的小兔子，蜷缩在自己的小天地中。

这种日子已经过了几个月，她不知道该如何是好，她不知道怎样才能交到朋友，尤其是知心的男友，难道大学四年毕业之后，面对的就是这种生活吗？

这还不是最难过的，反正她可以借着阅读各种爱情小说，与书中女主角共度欢笑悲伤，让时间慢慢流逝。但是到了深夜，一个人躺在床上，这才是最难熬的时光，她不知道，是否每个正常人都会有这种需求。

有一天，安妮接到通知要去见公司人事部主管琳达女士，她不知道自己怎么会来这儿见人事主管，也不知道自己怎能对着她侃侃谈出自己的情况，因为她一向不善于表达自己，以往这种情形总是令她手足无措，说不出话来。

人事主管琳达是个善解人意的人，她语重心长地对安妮说："只要你愿意，我可以帮你攻克难关，并且交到朋友，不过首先，你必须抛开那些爱情小说，利用晚上到艺术学校去选修些课程，不要再读那些虚幻不真实的小说来自欺欺人。还有，你在公司的工作很有发展潜力，我希望你努力干，有一天能升到广告部门的执行组，也正因为如此，你更需要多学一些绘画及用色方面的技巧，最重要的是，你不要再整个晚上窝在家里了。"

安妮还记得经理说过，年轻人只要肯出去参加活动，很容易就可以交到朋友，只要学着去表现自己的特点，做个活泼的女孩，一定会有许多追求者。要有所改变，做自己想做的事。同时要注意看别人做什么，听别人说什么，让自己成为一个好伴侣；不要轻信别人的谗言；除非自己也能给予别人一些回馈，世上不会有人白白对自己好。

不久之后，安妮的生活真的变得多姿多彩，她已经克服她的困难，她真没想到只是学着多听别人讲话，就赢得了那么多的友谊。她想起这正如琳达女士曾经告诉她的："大多数的人，自我意识都很强，都希望有表达自我的机会，所以，你根本不必担心该说什么，只需要静静地、专心地听对方说，这就够了。"

原来，良好的人际关系这么简单，以往安妮把自己关在小天地中，拒绝和别人沟通，现在，情况完全不同了。这都是因为她明白了倾听的意义。

学会倾听，我们才能够使自己的人生更加精彩。当我们的耳朵用得多，嘴巴用得少的时候，我们会一步一步走向成功，相反，当我们的嘴巴用得太多，耳朵用得太少的时候，我们将把别人拒之门外，把世界拒之门外，同时也把成功拒之门外。所以，从现在开始，让我们多用自己的双耳，去倾听别人的心声吧！

哈佛精英历练要点

倾听，是一种对别人的尊重，更是一种难得的智慧。生活中，那些学会倾听的男孩子，才能让自己更受周围人的欢迎。那么，男孩子该如何学会倾听呢？

1. 要体察对方的感觉。一个人感觉到的往往比他的思想更能引导他的行为，愈不注意人感觉的真实面，就愈不会彼此沟通。体察感觉，意思就是指将对方的话背后的情感复述出来，表示接受并了解他的感觉，有时会产生相当好的效果。

2. 要注意反馈。倾听别人的谈话要注意信息反馈，及时查证自己是否了解对方。你不妨这样："不知我是否了解你的话，你的意思是……"—

且确定了你对他的了解，就要进入积极实际的帮助和建议。

3. 要抓住主要意思，不要被个别枝节所吸引。善于倾听的人总是注意分析哪些内容是主要的，哪些是次要的，以便抓住事实背后的主要意思，避免造成误解。

要懂得尊重他人

尊重他人，是赢得他人尊重的开端。

尊重他人是中华民族的美德，孔子提倡人要做到"仁、义、礼、知、信"，即做人的基本原则是自身修养好、懂得尊重别人、讲礼貌、讲诚信。俗话说得好："人敬我一尺，我敬人一丈。"要想得到别人的尊重，首先要学会尊重别人。

有道德、有修养、有文化的人，非常谦虚、谨慎，待人和善、宽厚，时时都关心着他人的存在，在与人的交往中，他们始终牢记先人后己的处事原则，他们善于换位思考问题，他们在做事以前首先想到的是别人，始终表现出一种"虚怀若谷"的高尚境界。很显然，这种人充分地尊重了别人，当然也赢得了别人的尊重和赞许。

一家公司里有这样一位业务员，主要是为公司拉主顾。主顾中有一家是药品杂货店，每次他到这家店里去的时候，总要先跟柜台的营业员寒暄几句，然后才去见店主。

有一天，他到这家商店去，店主突然告诉他今后不用再来了，他不想再买这个公司的产品，因为公司的许多活动都是针对食品市场和廉价商店而设计的，对小药品杂货店没有好处。这个业务员只好离开商店。

他开着车子在镇上转了很久，最后决定再回到店里，把情况说清楚。走进店里的时候，他照常和柜台上的营业员打过招呼，然后到里面去见店主。店主见到他很高兴，笑着欢迎他回来，并且比平常多订了一倍的货。

这个业务员对此十分惊讶，不明白自己离开店后发生了什么事。店主指着柜台上一个卖饮料的男孩说："在你离开店铺以后，卖饮料的男孩走过来告诉我，你是到店里来的唯一会同他打招呼的推销员。他告诉我，如果有什么人值得同其做生意的话，就应该是你。"

从此店主成了这个推销员最好的主顾。后来，在公司的奖励大会上，这个推销员介绍自己的经验时说："我永远不会忘记，关心、尊重每一个人是我们必须具备的特质，它会给我们带来意想不到的收获。"

学会尊重别人，在社会上才能更好地处理人与人之间的关系，当你用诚挚的心灵使对方在情感上感到温暖、愉悦，在精神上得到充实和满足，你就会体验到一种美好、和谐的人际关系，你就会拥有许多的朋友，并获得最终的成功。

尊重别人是一种素质，是一种修养，是一种智慧，是一种胸怀，它体现理解、信任、团结和平等。学会尊重别人可以给人以自信，给人以力量，给人以温暖。

在现实生活中，父母和孩子之间需要相互尊重，老师和学生之间需要相互尊重，朋友之间、同学之间、邻里之间、同事之间、主雇之间，哪怕是陌生人之间都需要相互尊重，尊重对方的理想选择，尊重对方的人格隐私、语言形态，尊重对方法律赋予的一切权利。

苏北在上护理学校的第二个月，护理学教授给他们做了一次小测验。苏北是个学习非常认真的学生，顺利地做完了前面的题目，可最后一道奇特的题目却难住了他，这道题目是："你知道我们学校那位女清洁工的名字吗？"苏北眼前立即浮现出那位女清洁工的形象，她身材比较高大，一头金黄色的头发，十分引人注目，他每天在校园里都能见到她。要命！她的名字是什么呢？他记得她的胸卡上有她的名字，名字的字体比较大，可是他从来没有注意到具体是什么名字呀！

苏北以为这只不过是教授和我们开的一个玩笑，就把那道题目空着交了试卷。在交卷的时候，他看到几乎每张试卷的最后一道题目都是空着的。此时，一位女生问教授："最后这道题目真的会计分吗？"教授认真地说："这不是玩笑，这是一道严肃的题目。作为护理专业的学生，你们毕业后会与许许多多的患者打交道，你们不但要好好护理他们，更重要的是要给他们心理上的关怀，要尊重他们。怎样做到尊重他们呢？首先得记住他们的名字。校园里的女清洁工每天为你们辛勤劳动，你们有多少人记住了她的名字？你们有多少人见到她和她打招呼呢？"那次的考试给苏北留下了深刻的印象，它让他学会了尊重他人。

尊重他人是一种美德，是一种高尚的情操。只有尊重他人，才能获得他人对你的尊重。所以，尊重他人也就是尊重自己。

在我们现实生活当中，每一个人都是有自尊心的。在我们的日常生活当中，在与朋友、同学的交往中，我们也应该尊重他人，尊重朋友。即使朋友们有什么做得不到位的地方，也应该谅解。在与别人相处的过程中，只要相互能多给对方一些尊重和理解，人与人之间的感情也就会越处越深。反之，我们的朋友只能是越来越少。总之，多给予别人一分尊重和理解，我们就会多获得一束灿烂的阳光。

哈佛精英历练要点

学会尊重别人的男孩子，才能得到别人相同的尊重。人与人之间互敬互重，才能创造和谐，才能往更好的方向去发展。所以，男孩子一定要懂得尊重别人。那么，到底具体该怎么做呢？

1. 尊重他人的劳动成果。一个人学会尊重，很重要的就是一定要尊重普通的劳动者。有些男孩子经常出现倒剩饭、乱洒水、乱扔瓜皮纸屑的行为，都是不好的。想改掉这些坏毛病，就应该主动地参与劳动，当自己体会到劳动的辛苦，这样才会尊重他人的劳动成果。

2. 尊重他人的意愿。男孩子应该学会尊重别人的意愿和想法，凡事不要强迫别人。尤其是当同学的想法跟自己的想法发生冲突的时候，不要强

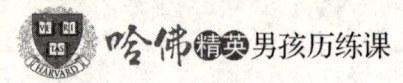

行将自己的想法强加到别人的身上，要学会尊重别人的意愿。

3. 言谈举止要有礼貌。很多男孩子随口就爱说脏话、动作行为也有时很不礼貌，这是对别人极大的不尊重。所以，想做到尊重别人，就要注意自己的言谈举止，要合乎礼貌才可以。

别太过在意别人的看法

太在乎别人的看法，就会活在别人的身影里；总在乎别人的看法，就在无形之中给自己增加了负担，使自己变得畏畏缩缩。

一个再有主见的人，如果受到大多数人的质疑，恐怕也会动摇乃至放弃。但许多伟人之所以成功，就是因为比别人看得更高、想得更远，更坚定地忠于自己所作出的选择。

不管别人怎么看待，始终能坚持自己的梦想，坚持走自己的路，这种精神是成功必备的。在遇到非议的时候，不要为外界的议论所动，只要认为自己是正确的，就要坚持自己的想法。有这种毅力和魄力，那么就一定会冲破难关，奔向胜利的终点。

古代，有一位著名的画家。一天，他突发奇想，想画出一幅人人见了都喜欢的画。画完，他拿着它到市场上去展出。仿效着春秋时期秦相吕不韦撰《吕氏春秋》时"一字千金"的做法，他在画旁放了一支笔，附上说明：每一位观赏者，如果觉得此画还有需要修改的地方，就请在相应之处做上记号。

结果令这位著名画家很惊讶，因为他发现整个画面竟然被涂满了记号。事实上，没有一笔一画不被指责。画家很不解，以自己的实力不至于受到这么多批评吧，因此开始怀疑自己的能力。

在苦思冥想之后，画家决定换另一种尝试的方法。于是，他又画了一幅同样的画，然后依旧拿着它到市场上展出。不同的是，这一次，他要每位观赏者指出的，不再是画的欠佳或不妥之处，而是请每一位观赏者，在自认为精彩的地方做上记号。结果令画家再一次感到震惊。他同样感到十分不解，原先所有被否定指责过的地方，现在也都被做上了标记，不过这次是赞美的记号。

最后，画家充满感慨地说："我如今终于明白了一个奥妙，那就是：在任何时刻都要坚持自己的，不要太在意别人的看法。因为别人的看法永远是别人的看法，有赞美就会有批评，谁都无法让所有人都满意。重要的是有自己的主见。"

如果一个人的行动完全取决于别人的看法，他就会失去自我，成为别人意愿的奴隶。请坚持你的主见，切莫让别人的建议反客为主，取代了你的主见！走自己的路，让别人去说吧！被别人左右，不懂得坚持自己的立场注定毫无成就，而坚定自己立场的人才会成功。

杰弗出生在一个普通的工人家庭，是一个品学兼优的男孩，深得老师的喜爱。升入小学六年级的时候，杰弗考试拿到了年级第一名。为了奖励他，老师送给他一本精美的世界地图。

杰弗好高兴，跑回家就开始翻看这本世界地图。但没过多久，就被家人喊去烧洗澡水。杰弗就一边烧水，一边在灶边看地图，看到一张埃及地图，他心中暗想："我看过《丁丁历险记》，那里面对埃及的描述多美啊。埃及有宏伟的金字塔，有尼罗河，有法老王，还有很多神秘的东西，长大以后如果有机会我一定要去埃及。"

正看得入神的时候，突然一个大人从浴室冲出来，腰里围着一条浴巾，用很大的声音朝杰弗呵斥道："臭小子，你在干什么？"

杰弗抬头一看，原来是爸爸，于是乖乖地回答："我在看地图。"

爸爸很生气，说："火都熄了，看什么地图？"

杰弗解释说："是埃及地图，老师送给我的。"

爸爸根本不听他的解释，怒气冲冲地跑过来就"啪、啪"扇了杰弗两个耳光，然后说："赶快生火！把什么鬼地图给我扔到一边去！"这还不够，又踢了杰弗屁股一脚，把男孩踢到火炉旁边去……声色俱厉地补充一句："还埃及，就你这样，我保证你这辈子去不了那地方。"

当时，杰弗看着爸爸，心里十分恼恨，他想："爸爸怎么这么对我，真的吗？难道我这一生真的去不了埃及吗？"

20年后，工作后攒下第一笔钱的杰弗，第一个念头就是出国去埃及。年轻的杰弗费尽周折才拿到了签证。他怀着一腔激动的热血踏上了自己发誓要去的土地。

那一天，是杰弗抵达埃及的日子，他坐在金字塔前面的台阶上，买了一张明信片写信给爸爸。信中写道："亲爱的爸爸：我现在在埃及的金字塔前给你写信，记得小时候，你打我两个耳光，踢我一脚，还说我这辈子不可能到这么远的地方来，但是现在，我就坐在这里给你写信。"写着写着，杰弗发觉自己感触非常深……

有了想法就去做，没有什么不可能。杰弗的爸爸觉得杰弗想要去埃及的想法根本就是无稽之谈，却没有想到杰弗自己一直都没有放弃，反而还用行动去实现了他的梦想。可见，别人的看法不一定正确，所以，我们要勇于坚持自己的想法，并付诸努力去实践，说不定也会像杰弗那样取得成功。

对每个人来说，凡事都要有自己的主见，不要太在意别人的看法。在面对双向甚至多向选择时，决定权永远在我们自己的手中，也许有的时候我们自己的选择并不是最好的，但这就是人生。

如果我们总是因为他人的看法改变自己，就会活得越来越没有自我。想要达到最终的目标，就不能放弃自己，要自己来走完这条路。放弃了自己不仅会使我们失去成就自己的机会，我们的生命也会随之失去意义。

所以，抛开别人的那些评价，让自己真正成为人生的掌舵者吧！即使这艘船在我们的生命中行驶得有点颠簸，我们也会在航行的快乐中到达自己的生命彼岸。

哈佛精英历练要点

太过在意别人的看法，就会让自己渐渐变得没有主见，活得也不自在。所以，男孩子应该不要太去在意别人的看法，要懂得凡事有自己的判断才行。那么，怎样做，才能不太在意别人的看法呢？

1. 认知上改变。我是我，别人是别人，别人没时间关注我，我也没时间关注别人，别人不需要我负责，我也不需要对别人负责，我有太多事要做，凭什么我要自我作践让别人来控制我，难道别人比我自己还重要吗？这样就慢慢地把控制点移到自身内部来。

2. 多体验世界。别人的意见为什么能影响你，是因为你自己无法判断，无法判断是因为经历得少。所以，比别人多看一点书，比别人多做一些事，比别人多交一些朋友，经历丰富了就能够在需要判断的时候举一反三，开始有自己的观点。

3. 要学会自信。一个自信的人，通常对自己下的决定和判断不容易动摇，而自卑的人却恰恰相反。如果想不受到外界的干涉，那么就应该让自己成为一个对自己有信心的人。